建筑设计经典译丛

我的意中建筑

[日] 中村好文　著

蒋芳婧　译

江苏凤凰科学技术出版社

译者序

2018 年夏，我有幸邂逅本书。刚翻开书，就被其大量精美的建筑照片与温馨的手绘图深深吸引。再读文字，文笔幽默风趣，阅读过程就像在与一个学识渊博的老朋友面对面聊天，令人感到亲切又愉快。

每翻开一篇文章，就像打开了一扇通往新世界的门。作者中村好文先生既是一名建筑与家具设计师，又是一位大学教授，著述颇丰，知识非常广博，书中内容不仅涉及世界各地不同的建筑与文化，还涉及文学、电影、宗教、哲学等多个领域。在阅读过程中，我仿佛离开斗室，跟随中村好文这位素未谋面的老朋友踏上了一次环游世界建筑之旅，我们走遍 10 个国家，探访了 25 座令他一见倾心的建筑，听他娓娓道来其中的故事。从文丘里设计的母亲之家、马蒂斯留下的光之宝箱，到柯布西耶五次更改设计方案的萨伏伊别墅；从骑士时代的巍巍古堡、维也纳迷宫般的下水道，再到囚禁过众多思想家的丰多摩监狱……25 个空间，25 张表情，一砖一瓦凝结建筑之美，一字一句尽显学者实力。

不管是闻名世界的建筑，还是乡间小屋，抑或是曾出现在经典电影中的场地，中村先生都借助细腻的手绘素描、精美的照片，在一字一句、一图一景中融入其独到的建筑观察、美学思考与空间品位，最终呈现给读者 1 篇前言、25 篇主题独立的散文和 1 篇后记。前言与后记短小精悍，叙述了作者的写作动机与背景，方便读者更好地理解本书内容。25 篇散文构思精妙、文辞优美、轻松幽默，读起来酣畅淋漓（如果译文未能让您体会到这些特点，那是译者的问题，在此致歉）。此外，图文结合是本书的一大特点，强烈推荐您结合图片进行阅读，以便获得更加完整的空间感受和阅读体验。

本书适合的读者群非常广泛。建筑专业的学生，可以收获不一样的空间解读方式，或是从专业角度进行更深入的建筑思考；旅游爱好者，可以将其当作一本别具一格的深度游攻略书，循着作者的足迹来一场世界建筑巡礼；对建筑感兴趣的普通读者，可以将其当成建筑欣赏的入门书籍来读，培养建筑审美；喜爱文学的一般读者，也可以将其当成一本散文集来读（尽管译文远不如原文精彩，但应该还是能窥见一些影子的）。简言之，本书既可悠闲娱乐、赏心悦目，也可丰富知识、增强人文思索。

作为译者，这本书带给我的收获与启发，除了上述内容之外，还有很多很多，比如：文章字里行间透露出的作者旺盛的求知欲、独立的思考能力、丰富的想象力，凡事身体力行的风格，“读万卷书，行万里路”的实干精神，对工作的热情与严谨等，不胜枚举。作者的后记，尤其适合有志于从事建筑设计的读者，相信您一定能从作者丰富的人生经验中得到启发。

作为译者，我付出了最大努力，力图使译文忠实于原文的精神，内容准确，行文再现原作亲切幽默的风格，但毕竟自身学识有限，错误疏漏之处，恳请读者朋友不吝赐教！如果您通过阅读译本，能够跟随中村好文进行一次世界建筑巡游，对异国建筑、文化和生活方式有所了解、有所思考，进而对自己周围的建筑、文化和生活产生兴趣，我将不胜荣幸！

蒋芳婧

2019 年 2 月

前　言

我常常被人评价为“目光敏锐”。

无论是人还是物，我总能比别人更早发现。我经常在外出地点或旅游目的地与朋友或熟人不期而遇，而且频率高得可谓异常，这大概也是因为我在无意间不自觉地观察周围所致吧。

我还有“观察癖”。从小时候起，无论是人还是事物，我都会目不转睛地盯着看半天。小时候，家里来了客人，即使并不认识，我也会直愣愣地盯着看客人的表情或动作，看得十分入迷。因此经常被母亲呵斥：“那样盯着客人看，太没礼貌了！赶紧改掉这个坏毛病吧！”可惜，天性难改。我刚上大学时，有次跟朋友去新宿看电影，路过地下通道时，看到了一些不良少年聚在一起吸食有致幻作用的物品。于是，我停下来盯着他们观察。这一下糟糕了，不良少年怒气冲冲地喊道：“臭小子，看什么看！”说着就冲了过来，跟我和同行的朋友打了一架。那次打架之后，朋友狠狠地埋怨我：“你那样目不转睛地盯着那伙人看，当然会招惹麻烦了。我可不想再跟着你卷入这种麻烦了！”

如此这般，当我观察对象是人时，就会引起各种纠纷。但如果对象是人以外的事物，就不会发生纠纷了。我这里所说的“人以外的事物”，主要指建筑物。由于我的职业是建筑师，自然对建筑物情有独钟。我观察人时，并不在意人所在的场合、年龄、性别、国籍、职业，所以观察建筑物时，自然也不会因古今、东西、大小或贵贱而区别对待。无论是历史悠久的著名建筑，或是路边的简陋小屋，还是电影或绘画中的建筑物，只要进入我的视野，引发我的兴趣，我都会一视同仁，充满好奇，满怀热情地去注视和观察它们。

不知从何时起，有一些建筑物让我观察入迷，或者一见之后便难以忘怀。这些建筑物深深铭刻在我心中。写到这里，各位读者大概已经猜到了吧。

这些建筑，就是我的“意中建筑”。

这本书中，我如实地写下了那些令我着迷的“意中建筑”给我的印象以及让我感受到的魅力。由于本书的定位不是学术书籍，所以书里没有缜密的分析和深刻的考察。读者朋友可以把本书当作一本有许多照片和手绘插图的绘本，信手翻阅，无所谓从哪一章读起。

谨将此书献给心中有宝物并且珍惜，也就是能够对本书标题中的“意中”一词产生共鸣的读者朋友们。

中村好文

目 录

La Chapelle du Rosaire
祭壇

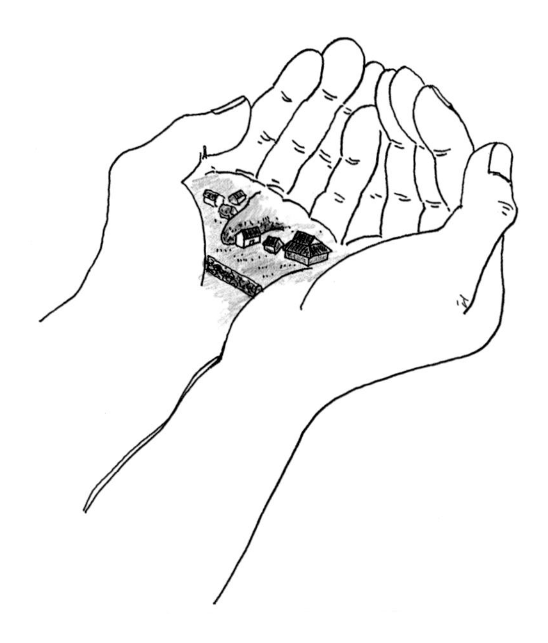

1
敬仰名作

原千代田生命保险总公司大楼

|设计|**村野藤吾**

1966 年 日本 东京目黑区

该办公大楼建在略微倾斜的坡地上。占地面积共约 1.65 万平方米，配有广场、假山、池塘，大楼中还设有茶室和日式房间。设计者村野藤吾（1891—1984）是日本昭和时期（1926—1989）建筑界的代表人物。村野先生的设计风格融汇东西，兼具华丽与细腻，被井上靖誉为“美丽之寂”[1]，代表作有“日生剧场”“大阪崇光百货公司”“新高轮格兰王子饭店”等。村野先生的设计理念为“一座静谧之城”。该楼于 2001 年更名为 AIG 保险公司大楼，2003 年起用作目黑区综合政府机构。照片拍摄于 2002 年。

---

1 “寂”为日本传统美学概念之一，有朴素、古雅、幽静、淡泊之意。

柱子的根部。如长号扣在地面一样的柱子，石板地面上突出的石块，处处透着村野先生的别致。

原千代田生命保险总公司大楼的正面玄关。让人想到喷气客机机翼的天棚，由林立的不锈钢柱子支撑着。

初次偶遇建筑师村野藤吾的情景，至今仍令我记忆犹新。

那是在 1974 年秋，当时村野先生正主持一项大工程——将赤坂离宫改建为迎宾馆。就在这一工程的施工现场，我见到了村野先生。

我从学生时代起，一直坚信，学习建筑最简单、最可靠的办法，就是实地考察全世界各时期的建筑名作。因此，我无一遗漏地探访了分布在日本各地的村野先生作品。

碰巧，迎宾馆就在我当时工作的设计事务所附近。在我的工位上，透过窗户，便可清晰地看见这座仿凡尔赛宫风格的独特建筑，因此颇有一种与之为邻的亲近感。然而，迎宾馆毕竟是为接待国宾而建，戒备森严，自然不会允许外人随意参观。

有一天，一个经常来往的地毯商听说了我的愿望，对我说道：“中村，听说你想参观迎宾馆？那里的地毯施工是我家在做，我或许能带你进去看看”。他想出一个妙招：把我的名字登记为地毯施工的临时工，让我混入迎宾馆内。这简直像间谍电影中的情节，令人兴奋。

几天后，我身着胸前绣有“T 织物”标志的灰色工服，手持铺地毯的专用工具，混在真正的工匠队伍中，顺利进入施工现场，尽情参观了即将竣工的迎宾馆，一个角落也没落下。

那日秋高气爽，午后温和的阳光透过规律排列的窗户，照在宽敞的走廊上。我被阳光吸引，站在窗边眺望庭院，工匠们正在那里栽植布置。远处的芒草丛在秋日阳光的照耀下反射着光芒。忽然，其中一些银色的芒草晃动得不太自然，引起了我的注意。我定睛凝视，发现原来那并不是芒草穗，而是正在芒草对面埋头栽植的一位老人头上的白发。老人面对着几名男性工匠，弯着腰，全神贯注地在工作。不久，老人像做伸展似地站起身来，露出了上身。

在老人起身的一瞬间，我惊讶地发现，原来那是村野先生。

当时村野先生已年逾八十，正与园艺师们一起布置着庭园的踏脚石，弄得浑身是泥。我肃然起敬，不自觉地挺起腰背，端正站姿。那一景象，就像一幕通过望远镜拍下的电影场景，清晰深刻地烙在我的记忆中。

好的建筑会散发出独特的韵味。

这一点，是我在参观村野先生设计的建筑时发现的。村野先生的建筑，无论哪个，都拥有独特的韵味。或者说，有一种特别的气场。或许是被这种气场吸引，我多次来到村野先生设计的建筑，置身于该建筑的空间中，全身沐浴着村野建筑所带来的愉悦。

能够拥有气场的建筑在世间并不多见。我曾经参观过一座由泰斗级建筑师设计，世间皆谓之杰作的建筑。实际参观之后，我发现，该建筑不但没有气场，而且展现在人眼前的，不过是堆砌最新技术的结构，或者所谓“新奇新颖”的空间，让人感受到的只有冰凉和冷淡，完全没有建筑特有的那种激动人心的愉悦之情。

美国建筑大师查尔斯·摩尔（1925—1993）曾说：“感受伟大建筑的最佳方法，就是在那里醒来”。非常幸运的是，村野先生设计过很多旅馆，只要去那些旅馆投宿，就可以通过最佳方法感受村野建筑的妙趣。

京都是我在学生时代频繁探访的城市。每次到京都，我都尽量住到村野先生

入口大厅深处，有一座造型优美的不锈钢楼梯，形状如同行进中的龙卷风。难怪村野先生被人誉为“兼具雕刻家的眼力和工匠的技术，所造楼梯无人能出其右”。

入口大厅。高高的天花板下，摆放着一
尊埃米利奥·格雷科雕刻的少女雕像，
令静谧的空间更加具有张力。

设计的，位于蹴上的“都宾馆”。这栋于1939年建成的建筑物中，有一间旧式装修的客房，当时保持着原貌并依然在使用中，我会特意预订这间老式房间居住。

这家宾馆如今已经完全变成了现代风格，但是以往那种微暗、宁静的气氛，让客人在踏入宾馆的一瞬间，就能感受到在其他宾馆中体会不到的安心感。房间自然不用说，宾馆整体就会让人感受到像是身处洞穴一样的温暖和安宁。

我反复思索：“这种浓郁细腻的氛围，其真面目到底是什么呢？”有一天，我忽然意识到，那是从地板、墙壁、天花板里一点点渗出并扩散到周围的独特“气味”。

当然，这并不是能用嗅觉闻到的“气味”。但是，那里的氛围，除了“气味”之外，没有其他词可以形容。

简言之，建筑不过是混凝土、铁、石、土、纸、布等物质组合起来的集合体，由

大楼中庭的水池

古今东西，喜爱水的建筑师很多，但村野先生可谓其中的翘楚。位于原千代田生命保险总公司大楼中庭的水池，其周边的设计处理以及小岛上的草木种植等，都极为出色。

石墙的前端：
石堆以多米诺骨牌倒下的形状，逐渐崩塌并消失在水中。

就连沉在水中的石头，也摆得很好看！

水面

通道上石板和草坪的界线。铺设的石板不知不觉消失在草坪中，石板与草坪的分界并非直线，而是在锯齿状的侵蚀下，让不同素材和谐地融为一体。

于建造方法不同，会沾染上设计师和工人们的汗味、体味，人们为建筑付出的努力与热情，化作建筑的“灵”或“气”，蕴藏建筑之中。

尤其当建筑师倾注全部心血，浑身是汗或浑身是泥地投入工作时，其感性、体味渗透于建筑中，作为建筑师绞尽脑汁、不断推敲的痕迹，清晰地投影到建筑中。我想，建筑的独特气味，就是来源于这些痕迹。

这跟电影与电影导演的关系有些相似。

“气味”“痕迹”之类的词是否过于抽象了呢？让我来具体解说一下吧。

本文中的建筑物——原千代田生命保险总公司大楼，由村野先生设计，于1966年竣工。2000年，千代田生命保险公司破产，目黑区政府买下了这栋建筑及其用地，经过大规模改建后，现在作为目黑区综合政府机构而重新投入使用。这一新闻曾被广泛报道，读者们或许也有所耳闻。

就像我在前文中提到的那样，我访问过多处村野先生设计的建筑物，但其中最杰出的，我认为就是这栋原千代田生命保险总公司大楼。

村野先生对自己的作品十分谦逊，总是说“哪里哪里，我这样的水平，还差得很远呢”，但这个建筑，无论是其规模还是完成度，就连他本人也认为格外出色。

建筑外部的百叶窗非常值得一看，而柔美草坪与地面石板之间石墙尽头的那块石头，也颇有看头。这块石头从形状到摆放，村野先生对每个细节都注入了大量热情与耐性，这令人由衷佩服。

他在与矢内原伊[1]（1918—1989）对谈时，曾如此说道："感谢客户，让我毫无遗憾地完成了工作"。

正如他所言，原千代田生命保险总公司大楼是一栋拥有诸多看点的建筑物。其中最具代表性的，就是玻璃落地窗外部的铝合金百叶窗。比例均衡的连续式百叶窗赋予建筑外观独有的特色，它的优雅造型与铝合金材质的特有质感，为建筑平添耐人寻味的气质，酝酿出混凝土、铁、玻璃构成的现代建筑无法企及的高雅品格（或许应加上"曾经"二字。现在，百叶窗上已被涂上毫无特色的油彩，实在令人遗憾）。

此外，还有正面玄关处那形似喷气客机机翼的轻巧天棚；入口大厅处，在高高的天花板下静谧的空间里，那尊埃米利奥·格雷科雕刻的孤零零的少女雕像；入口大厅深处那座龙卷风造型的不锈钢楼梯；能让心灵平静，把人带入静寂之境的水池。总之，这道由村野先生精心烹制的建筑大餐非常丰盛，需要时间细细品味。

就对数寄屋建筑[2]有兴趣的读者而言，面向水池的日式房屋和茶室承载了大

---

1 日本哲学家、评论家。
2 日本传统茶室风格的建筑。

量村野先生的独到创意，非常值得参观。

而我则不光仔细品味以上几个方面，还倾心于它的细节，特别是距离地面较近部分的设计。其实在过去 25 年间， 我已 6 次拜访此地。从第一次参观时起，建筑靠近地面部分的细节设计就格外吸引我的关注。

刚刚提到的玄关处天棚的地面部分，它那可谓非建筑大师村野先生莫有的绝妙细节，每每令我痴迷凝视，目不能移。

首先吸引我的是，支撑着天棚的多根不锈钢柱子的底部。柱子底部形状如同长号的喇叭口，看上去就像是从地里自然生长出来的。而与柱子相连的地面上，嵌着几块如同雕刻作品般的石块，一半露出地面，一半埋在地下。此外，地面石板上的斧凿痕迹，以及这些石板充满余韵的铺设方式也绝对不容错过。这些石板并非齐整整地一路铺到底，而是与草坪相间，时显时隐，逐渐消失。石板与石板之间的接缝处，草儿萌生，分界线仿佛被草儿吞噬掉了。这样的细节，也会令我感到意味深长、耐人寻味。不知除我以外，是否还有同道之人？

村野先生反复强调：“要重视细微处，重视接缝处”。他总是非常慎重、非常仔细地对待两种不同材质的接缝或界线。刚才提到的细节，可谓他在这方面做出的范本。

铝合金百叶窗倒映在水面的景致，让人感受到修道院般的宁静。建筑与水池相邻的部分，其接近地面的部分也十分精彩。池中有种植着草木的小岛，其中特别吸引我的是组成小岛的石块，以及石块以一种崩塌的形状逐渐没入水中。仔细观察就能感受到，就连没入水中看不见的石块，其位置摆放也体现着村野先生的精心设计。村野先生这种精益求精的执着，令我每每感动不已。

这样的看点不胜枚举，再写下去恐怕将没完没了，所以仅再举一例。玄关前有一堵石墙，墙的尽头有一块拱顶石，无论其摆放的朝向或形状，都堪称完美。这让我不禁认为，这一块石头，充分体现着建筑大师村野藤吾不负盛名的建筑思维与设计手法。

挑选这块石头时，以及挑好后决定如何摆放时，村野先生一定倾注了大量时间与精力。我这么想着，一边凝视着这块石头，不觉出神。此时，满头银发的村野先生与园艺师一同专注工作的情景，清晰地浮现在我的眼前。

2
“星星之王”营造的天文游乐场

简塔・曼塔天文台

1728 年　印度　拉贾斯坦邦斋普尔

拉贾斯坦邦首府斋普尔，是印度一座美丽的要塞城市，四周环绕着红色砂岩的城墙，因而被称为“粉红之城”。缔造了这座城市的萨瓦伊・贾伊・辛格二世（1686—1743）对科学有着浓厚兴趣，他在宫殿里修建了大规模的天文台，亲自进行天文观测。该天文台占地面积约 2.2 公顷，建有约 30 个石造观测仪。为减少观测误差，每个观测仪都建得很大。贾伊・辛格二世还在德里、瓦拉纳西等地也修建了天文台。这些天文台中，斋普尔天文台保存最为完好，规模也最大。

12 个一组的观测仪黄道带（Rasivalaya Yantra）[1]，是以黄道为基准测定星体位置的装置。随着地球自转，黄道坐标的基准轴也随之移动（每 24 小时移动 360 度），因此每隔两小时必须换一个观测台。

1 Yantra，汉语也称“曼陀罗”，原意是印度教和佛教坐禅时绘制在地上的线形图案，用于冥想，在天文台中也可以理解为“日晷”。

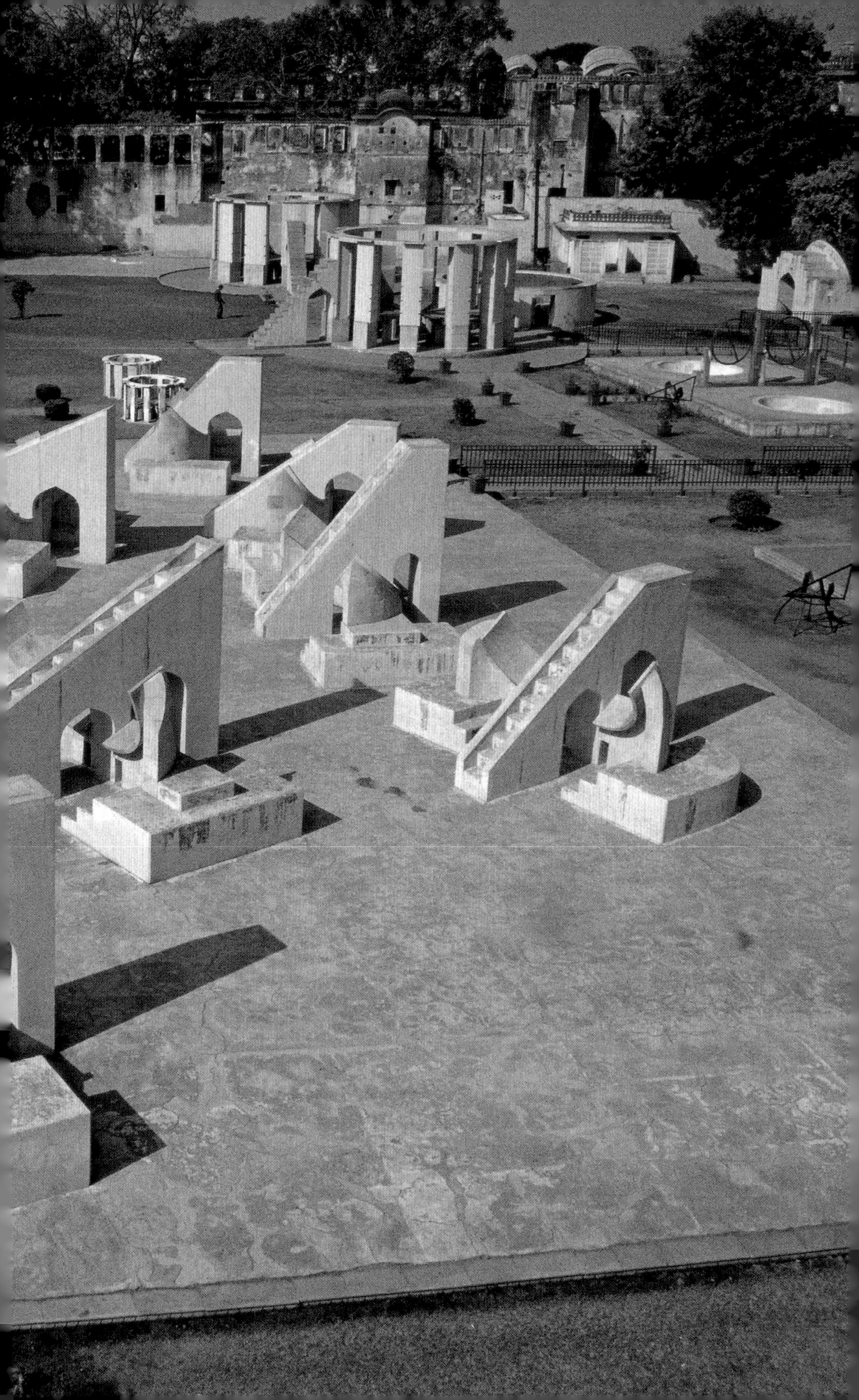

透过斋普尔著名景点“风之宫”的窗户，简塔·曼塔（Jantar Mantar）偶然映入我眼帘。以巨大三角形建筑为首，这个形状妙不可言的建筑群，正向热衷建筑的我招手。

在印度西部的艾哈迈达巴德，至今仍保存着勒·柯布西耶（1887—1965）于 20 世纪 50 年代设计的几座建筑。其中一座名为“萨拉巴伊别墅”，是当地一个富豪家族的宅邸。该建筑为柯布西耶后期的代表作之一，因将印度固有的气候风土、当地传统建筑技术及现代建筑融为一体而著称。我早就有去参观的念头，但直到几年前，机会才突然降临。有位 A 女士即将嫁入萨拉巴伊家族，我通过朋友与她相识。经过她的努力，我终于获得了参观机会。我商定好日期，买好机票，打包好行李，买好在印度可能用到的止泻药、含漱药水等各种各样的用品，万事齐备，只待出发。就在这时，我接到了 A 女士的来电。A 女士说，她因为婚事而忙得焦头烂额，希望我的参观日期能延后两三天。毕竟是我有求于人，自然不能挑三拣四。我告诉她，我在印度停留期间，哪天参观都可以，请她专心准备自己的婚事。对我来说，比起一抵达印度就匆忙赶去参观目标建筑，倒不如让身心先适应一下这片陌生的土地。因此，对我来说，计划有所变化反而成了好事一桩。

最前面的形状像线轴的物体，是用于测定高度和方位角的“拉姆·曼陀罗（Ram Yantra）”。后面高高耸立的，是其中最高级别的天文观测仪——“撒穆拉特·曼陀罗（Samrat Yantra）”，它高达 27 米，充满威严。

于是，参观日期自原定的 1 月 27 日往后延迟 3 天，改为 1 月 30 日。之后我发现，这一改变可绝不只是“好事一桩”，还救了我一命。

事情是这样的：按照原计划，我应该比参观日提前两天，于 1 月 25 日夜里抵达艾哈迈达巴德，26 日先去参观勒·柯布西耶设计的棉纺织协会总部。然而，就在 26 日，艾哈迈达巴德遭遇了前所未有的大地震，死亡人数超过两万。

由于这场大地震，我和 A 女士完全失去了联系。电话线路、交通路线等全部瘫痪。我只好放弃参观萨拉巴伊别墅的计划，挂念着 A 女士和萨拉巴伊家族的安危（在我回国后约一星期，才得知 A 女士和萨拉巴伊家族平安无事）。而对突然多出的空档期，我决定去斋普尔和阿格拉旅行。

没去成盼望已久的萨拉巴伊别墅虽然可惜，不过，在为参观“风之宫”和“水之宫”而拜访斋普尔时，我却意外地有了一场美丽邂逅。那是我在“风之宫”的屋顶上环顾四周之时，忽然，宫殿后面一座形似巨大三角板的奇妙建筑物映入我的眼帘，我不禁自言自语道：“那是什么？”屏息凝视一会儿之后，才发现那就是名为“简塔·曼塔”的天文观测装置。在我手头的旅游指南里，它的照片只有邮票大小，介绍文字也只有五六行，因此没有引起我的重视，还以为它是个毫不起眼的地方，看不看都无所谓，未曾想到居然如此壮观。

于是我匆匆结束“风之宫”的行程，拔腿就朝那边赶去。

光是远望就让我兴奋不已的这个建筑群到底是什么呢？在进入正题之前，我先简单介绍下“简塔·曼塔”吧。首先介绍下它的名称：这个名字来自梵语，“简塔”一词意为“仪器”，“曼塔”一词意为“观测”。这一天文台的建造者是萨瓦伊·贾伊·辛格二世，他也是斋普尔这座要塞城市的建造者以及统治者，在城市规划方面享有声望。他是一名勇敢的武将，同时也是一名卓越的统治者。此外，他还是一个狂热的科学爱好者。简言之，他不仅具备数理头脑，精通数学、几何学，还通晓建筑与城市规划，尤其对天文学格外感兴趣，终其生涯将极大的热情倾注在天文观测和研究上。1724—1734 年的短短十年间，除斋普尔之外，他还在德里（1724 年左右）、乌贾因（1726 或 1734 年）、瓦拉纳西（1734 年左右）、马图拉（完成年月不详）等印度各地接连建造了 4 处相同的天文观测设施。也就是说，他不是来自星星的小王子，而是一位非常爱好天文的“星星之王”。

斋普尔的简塔·曼塔天文台在这些设施中规模最大，最为精美。天文台四面有围墙，呈缺一角的矩形，面积约为 4 公顷，上面建有约 30 座不同形状、不同大小的天文观测仪（建筑物）。我在一个像奖品兑换处一样的售票亭购买了门票，在踏入天文台的一瞬间，突然有种想要冲进去的兴奋与冲动。当然，一个文明的成年人是不会突然跑起来的，所以我只好生生地压制住这股冲动。看着它们那耐人寻味的形态（当然各具深意），朝着各自应在的方向（方向是经过精密计算后设定的），就像精心布局的巨大雕刻作品，当真只有“壮观”二字可以形容。不知不觉间，我心潮澎湃，脸上笑开了花，兴奋之情油然而生，就好像一个小朋友踏入了一个有滑梯、秋千、各种攀爬架的游乐场。写到这里我突然意识到，这个天文台有着像游乐场一样的风情。或许可以说，这是一个天文游乐场，为了观测太阳与月亮的运行，为对遥远星球充满遐想的浪漫主义者而营造。如此说来，“简塔·曼塔”这个名字朗朗上口，非常适合为游乐场命名。

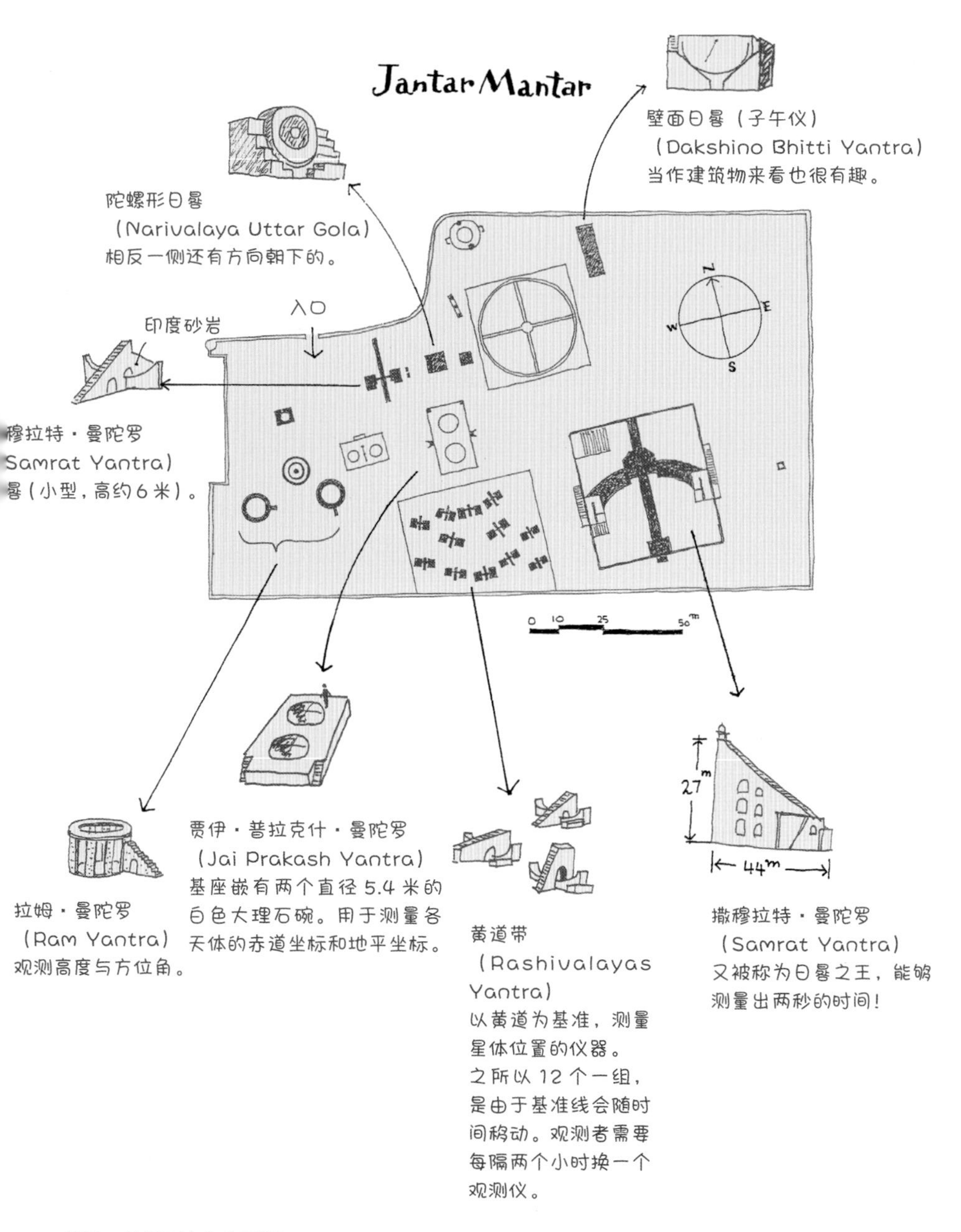
Jantar Mantar
壁面日晷（子午仪）
（Dakshino Bhitti Yantra）
当作建筑物来看也很有趣。
陀螺形日晷
（Narivalaya Uttar Gola）
相反一侧还有方向朝下的。
入口
印度砂岩
穆拉特・曼陀罗
Samrat Yantra）
晷（小型，高约6米）。
N
E
W
S
0 10 25 50m
27m
44m
贾伊・普拉克什・曼陀罗
（Jai Prakash Yantra）
基座嵌有两个直径5.4米的白色大理石碗。用于测量各天体的赤道坐标和地平坐标。
拉姆・曼陀罗
（Ram Yantra）
观测高度与方位角。
黄道带
（Rashivalayas Yantra）
以黄道为基准，测量星体位置的仪器。
之所以12个一组，是由于基准线会随时间移动。观测者需要每隔两个小时换一个观测仪。
撒穆拉特・曼陀罗
（Samrat Yantra）
又被称为日晷之王，能够测量出两秒的时间！

简塔・曼塔天文台布局图

贾伊·普拉克什·曼陀罗（Jai Prakash Yantra）是一种在底座嵌入两个半球形的仪器。观测者进入半球形的内侧，根据太阳的影子决定婚礼或祭祀的日期和时间。

我对每一个观测仪都花费了充足时间，去仔细端详、抚摸、碰触、拍摄、素描，充分感受到凝聚在其中的趣味，即对于天文的关注、敬畏之心，以及探讨宇宙的神秘与真理的欲望。然而，对于分布在那里的各种仪器应该如何使用，可以观测计算些什么，其实我几乎一无所知。我一边参观，一边不禁感慨："如果我懂得天文学的基础知识，这里将是个多么有趣而高效的学习场所呀！"也就是说，它让我认识到自己对天文学有多么蒙昧无知，也让我深感遗憾。回国后，我从附近的图书馆借来与天文相关的书籍和写给青少年的天文图鉴，临阵磨枪地学习了一番，后来为了写本文，我又把相同的书借来重读一遍。本文以下内容，就来自我从那些书里突击学来的知识，实属现学现卖。我沿着参观路线，记录下自己觉得最有趣、看得最久的观测仪，敬请一边参照上一页的布局图，一边阅读。

首先，入口的正面并列摆放着两座测量太阳高度和方位角的拉姆·曼陀罗（Ram Yantra）。它用12根壁柱支撑着一个与地面平行的环状物，看起来像个圆桶形兽栏，形状像个大型的缠线板。

其原理是借由交互相间的两种不同宽度的壁柱及其间隙，读取随太阳运行而落在地面上的影子长度。平行于地面的环状物，像是为方便从上方进行观测而设的走道，其外部还配有狭窄楼梯。这座楼梯让这个仪器具备了如建筑物般的风情，还营造出一种像用于祭祀的小型神殿般的意趣。

它的旁边，是用于测量黄道坐标的黄道带。尽管这组仪器的大小、形状、方向看上去各自为政，但却 12 个为一组，联合起来方可全面观测星体。黄道坐标用于标记太阳和行星的位置，使用起来十分方便，但其测量却很困难，因为测量的基准线（黄道的北极方向）会随着时间不断移动。这 12 个观测台的斜边（斜边的延长线上有黄道北极的高台）倾斜度个个不同，夜空也在旋转，因此，观测者每两小时就必须换到另一个高台继续测量。

在它前面的是，贾伊・普拉克什・曼陀罗。长方形底座上嵌入两个并排的白色大理石半球（请想象饭碗的内侧），半球直径约为 5.4 米，以建筑单位来说，就是能放进去一间约 30 平方米的方形房间。虽然我这里写的是“饭碗的内侧”，事实上饭碗的半球面被大块切成短栅状，短栅的下面由板状的墙壁支撑。观测者可以进入短栅与短栅之间，从曲面的侧边进行观测。短栅的表面纵横刻着无数的细小曲线，那有如绘画般的线条之美，令我赞叹不已。这些曲线交织而成的几何图形，应该描绘的是行星的轨道与轨迹，但是我当时却错以为看到的是精密机械的刻度甚至火车时刻表。另外，半球的表面上，沿水平方向贴着细小金属线，这一点也值得瞩目。它的中心部分有个小标识，上面开着一个直径 2.2 厘米大小的孔，从小孔射入的光线在曲面上形成了时时移动的光点，这个装置就是用来观测这些光点的。我的心虽然为贾伊・普拉克什・曼陀罗所俘获，却完全无法理解它的作用和使用方法。慎重起见，容我引用《天文学史》（恒星社厚生阁出版）一书中的解说：“该装置模拟天球，在表面描绘各种曲线，沿着时圈设有能让人通过的缝隙”“测量各天体的赤道与地平两种坐标”。（读者朋友们，你们理解了吗？）

最后，我必须向大家介绍一个大型仪器，也就是我从“风之宫”看到的巨型三角板：大型的撒穆拉特・曼陀罗（Samrat Yantra）。它又被称为“日晷之王”，不论其风格还是其超乎寻常的庞大体积，都让人感到力压群雄的气魄。虽然它的结构与黄道带相同，也是由两面三角形的墙壁夹着楼梯，但它高达 27 米，从正面仰视，就如同通往天空的阶梯。

其左右两侧各有一个直角扇形缎带状圆弧（也就是四分仪），看上去像凤凰展翅。缎带部分的材质是白色大理石，时、分、秒被精确地雕刻在石面上，就像一把刻度精密的尺子。因为撒穆拉特·曼陀罗是日晷，所以也可以说是一种用缎带状曲面尺子来测量时间的工具。日晷的影子在曲面的刻度上以每分钟 6 厘米，也就是一小时约 4 米的速度移动。一分钟的 6 厘米又被进行 30 等分，也就是说，它能够准确测出两秒的时间，实在令人惊叹。尽管听起来很美好，但事实上并没有那么如意。众所周知，太阳是有直径的，并非完全是点光源，所以它的影子不会是紧密的一条线，而是有宽有窄。据说，落在该仪器这么大的曲面尺上的影子宽约 10 厘米，印度的天文学家们研究出了一套特别的方法，能够使用一根稻梗或针状的东西，从模糊的影子中读取正确的刻度。遗憾的是，我无从得知那是一套什么方法。

让我入迷的简塔·曼塔，还有其他好东西值得介绍，但我这现学现卖的解说迟早会露出马脚，所以就到此结束吧。读者朋友们如果有兴趣，先了解日晷的原理（日本群马县立天文台室外建有撒穆拉特·曼陀罗与黄道带，其纬度已根据当地情况进行了调整），之后一定要去斋普尔看看实物。

可算写完了。我松了口气，望向窗外，刚好看到日出。从我家的窗户可以看到池上本门寺的五重塔和祖师堂的大屋顶，几天前，太阳还从塔与大堂之间升起，不知何时已变成从靠东边的位置露脸了。自从参观简塔·曼塔之后，我对天文学的兴趣与日俱增（虽然有点晚），想着要设计一个可兼作茶几的小型“拉姆·曼陀罗”放到阳台上。

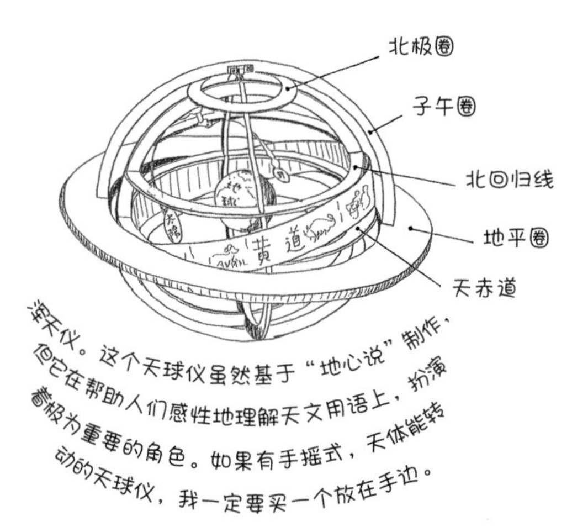

浑天仪。这个天球仪虽然基于“地心说”制作，但它在帮助人们感性地理解天文用语上，扮演着极为重要的角色。如果有手摇式，天体能转动的天球仪，我一定要买一个放在手边。

3
献给书之精灵的神殿

斯德哥尔摩市立图书馆

| 设计 | **埃里克 · 冈纳 · 阿斯普朗德**

1928 年 瑞典 斯德哥尔摩

这是瑞典最早的公共图书馆，于 1928 年开馆，作为一座为喜爱阅读的居民（每年人均借阅 20 册）提供服务的市立图书馆，至今依然发挥着重要作用。位于建筑物中心的大阅览室，是圆筒形的三层挑高建筑，室内墙壁全部被环绕的书架占满，营造出极具魅力的空间。设计者埃里克 · 冈纳 · 阿斯普朗德（Erik Gunnar Asplund，1885—1940）出生于斯德哥尔摩，其作品以形式简洁有力，充满抒情气氛而获得高度评价，引领着北欧现代建筑风格。其代表作有“斯坎地亚电影院”“森林墓园”（参见本书后面章节）等。

开架式大阅览室。从高窗倾泻而下的自然光，让人感觉仿佛身处巨大的光之井。置身于书籍满满当当的书架之间，激动之情油然而生。

ÅTERLÄMNING

我曾经在极昼中的北欧旅行过。由于行程紧张，我决定将目的地缩小为赫尔辛基和斯德哥尔摩两地，以便不慌不忙地参观曾到访过的建筑物，欣赏风景。

我有三个参观目标，分别是位于赫尔辛基奥塔涅米的赫尔辛基工业大学校园内的，由海基·西伦（1918—）设计的奥塔涅米小教堂，以及位于斯德哥尔摩由埃里克·冈纳·阿斯普朗德设计的森林墓园和斯德哥尔摩市立图书馆。

姑且将海基·西伦和森林墓园的故事放到以后再写（参见本书后篇），先从阿斯普朗德设计的斯德哥尔摩市立图书馆写起吧。

欧洲有许多座颇具魅力的图书馆：其中历史悠久的如佛罗伦萨的劳伦齐阿纳图书馆，它的入口大厅处有米开朗基罗设计的大楼梯；巴黎则拥有图书馆建筑史上的两大杰作——前法国国家图书馆和圣日内维夫图书馆，均由亨利·拉布鲁斯特（Henri Labrouste， 1801—1875）设计；都柏林大学圣三一书院图书馆，被称为"长厅"；芬兰建筑设计师阿尔瓦·阿尔托（1898—1976）在 20 世纪留下了许多图书馆建筑佳作……当我在脑海中逐个回顾这些图书馆时,我忽然注意到，它们全都是开架式图书馆。这些图书馆的墙壁几乎都被书架遮住，浩如烟海的书本从四面八方温暖地环抱着热爱书籍的读者们。在我看来，这一点对图书馆最为重要。

为了高效地收藏大量书籍，准确整理并快速存取书籍，图书馆一般采用并排的连续书架。大多开架式图书馆也采用这种方式。然而，跟我一样对书和图书馆抱有特别感情的人就会觉得，这样读者就无法真正享受在图书馆的愉悦了。或许有人会问："那么，你觉得闭架式图书馆怎么样呢？"说实话，对于闭架式图书馆那种封闭的、装腔作势的感觉，我实在喜欢不起来，所以一开始就没把它们算到图书馆的范畴。不论规模有多大，藏书多么丰富，闭架式图书馆都不过是个"大书库"而已，或者说"图书资料的仓

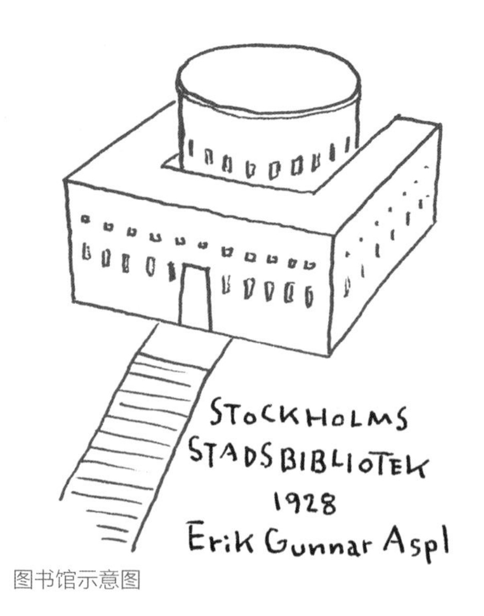

图书馆示意图

库”，配不上图书馆的“馆”字。

例如，位于日本东京都千代田区永田町的那座气派的闭架式“国立国会图书馆”，倒不如改成“国立国会书库”更为贴切。

好了，言归正传，我们来好好看看斯德哥尔摩市立图书馆内部的照片吧！

您感觉怎么样？

只有能给书籍与其作者提供如此优美空间的建筑，我才愿意称之为“图书馆”。我在上面写到了“图书馆的愉悦”，当我伫立在如同巨大的光之井一样的大阅览室圆筒形空间中，环绕在排成 360 度、分为 3 层、高达 8 米的书海中时，我感到情绪高涨，赞叹之情油然升起。有句话说“好的建筑沁人心脾”，正如此言，这座图书馆让我由衷地感动。其实，这些环绕我的书籍大部分是用我不懂的文字写成，但我已然忘怀，被书本身具有的难以形容的魔力与魅力深深吸引，无法自拔。全身仿佛沐浴在书脊折射出来的温暖光芒之中，身心感到超脱飘然，已经无法用语言表达，只是呆呆地伫立着。每个书脊，都是进入该书中未知世界的入户门，推开门后便可进入该书独有的壶中天地，想到这里，我不禁心潮澎湃。对图书馆而言，能够迅速找到想要的书固然重要，但比起这一点，我更希望它首先是个能让人感受到书籍魅力的空间，是个能够盛住书籍所洋溢的香气的、格外美丽的“容器”。

不管别人怎么说，我认为图书馆就应是开架式的，四壁书架环绕。唯有此种，方可谓之图书馆。

写本文时，我看着照片，回想起那令人心旷神怡的宽敞空间，不禁有些兴奋，所以刚才不仅冷不防地把读者领到了大阅览室，还抒发了一些武断的个人意见。

圆弧形的书架，分为上、中、下三层。一边看着书脊，一边移动脚步，明明刚看过的书脊，不知何时又回到了眼前。这种无止尽的感觉带来的愉悦，除却圆形设计，别无他法。

下面，让我对斯德哥尔摩市立图书馆再做一些说明吧。这座图书馆由 20 世纪瑞典代表性建筑师埃里克·冈纳·阿斯普朗德所设计。图书馆的修筑从 1924 年进行到 1927 年，1928 年开馆。迄今为止，应运营需要进行过几次扩建、翻修，但都未损害阿斯普朗德的原有设计，至今依然保留着强有力的结构原型。图书馆建筑的中心是一个直径 30 米、高 32 米的圆筒状阅览室，圆筒周围紧贴着 4 栋细长的建筑（其中，西栋于 1932 年扩建）。图书馆的外观就像是一块方形的豆腐中间立着一个茶筒，这种纪念碑似的形态令人一见便难以忘记。立方体和圆柱这两种几何形态的组合，让我蓦然想到古埃及的神殿。靠近仔细一看，在外壁的中部，的确有条埃及风格的带状浮雕，而雄伟的正面入口大门，也逐渐往上缩小，显然采用了仿神殿建筑的设计主题。

阅览室一角的洗手台兼饮水机，无论其颜色还是外形都让人联想起“巨型砚台”，这也是阿斯普朗德的设计。

图书馆建于小山丘上，读者一边仰视宏伟的建筑设计，一边踏上缓和的阶梯状斜坡，一步一步地靠近，仿佛朝觐神殿一般。这个具有仪式感的通道，也一直延续到图书馆内部。读者推动入口的旋转门进入图书馆后，映入眼帘的便是天花板的入口大厅。在正面中央黑色墙壁的裂缝处，设有一个前端略窄、倾斜度较小的主楼梯，它引导读者进入里面的那个巨大的光之井，也就是大阅览室。刚才提到，走进通道就像朝觐神殿，然而，一旦进到图书馆内部，却又让人感觉像进了陵墓。沿主楼梯拾阶而上，内径 28 米、内高 24 米的圆筒如同倒扣的巨大水桶从天空覆盖下来，罩住读者的整个身体，读者就这样被这个壮观的阅览室所俘虏。

要说明这个巨大的光之井的特色，就必须介绍通过圆弧形墙壁上部那20个高窗注入的自然光所营造的效果。

高24米的挑高部分，下部1/3为书架，上面则涂着碎波模样的白色灰泥。从高窗照入的自然光映在这面白色圆弧形的墙上，温柔地抚摸着、反射着、扩散着，化作透明的光粒，如晨雾般在整个空间摇曳。这个空间是献给书之精灵的神殿，同时也是献给唯美自然光的神殿。

昏暗的小房间是为读书给小孩子听而设计的。背后有尼尔斯·达戴尔的幻想式湿壁画，壁画前有一张为朗读者而设的加大号椅子。

这座图书馆的看点并不仅限于阅览室。阿斯普朗德对细节的设计也注入了无与伦比的热情，馆内随处可见效果非凡的建筑性装饰。例如，通往大阅览室的楼梯扶手上紧裹着的黑色皮革、扶手前端的黄铜环装饰、布置在各要点处的灯具、摆放在阅览室角落的巨大砚台状的饮水装置，以及人形雕刻状的水龙头，小家具上也做了细致的镶嵌工艺，就连那些椅子都各具特色……

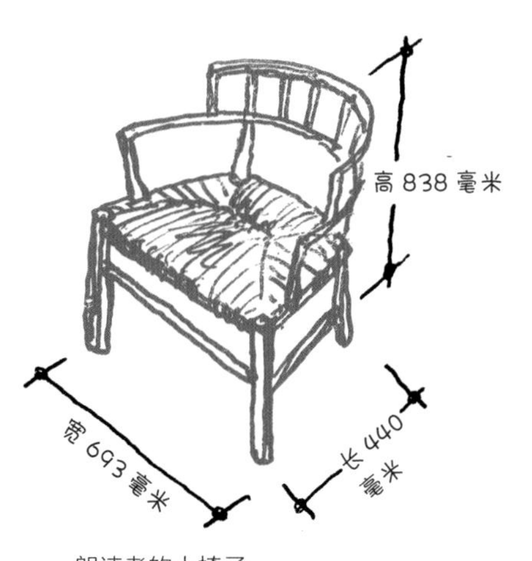

朗读者的大椅子

这些细微之处的精心装饰，就如同盛装打扮的贵妇身上所佩戴的首饰，为冰冷生硬的建筑物也营造出柔和华美的氛围。欣赏着阿斯普朗德所设计的这些充满魅力的装饰，我感到，那些彻底排除装饰的所谓现代建筑，不过是些死板而毫无趣味的坚硬之物。我完全赞成建筑物应该具有功能性与理性，但我同时也认为，建筑需要有活力的空间结构。我也会被只使用钢铁、玻璃、混凝土建造的，简洁明快的极简主义建筑打动，可是，如果说这些便是建筑的全部，那么就会失去建筑所特有的“故事性”“神秘性”“机智”“幽默”以及“梦想”等无可取代的宝贵财富。当我意识到这一点时，忽然觉得无比寂寞。

“仅仅把建筑当作知性和理性的产物是不够的，建筑还必须是梦想的产物”。阿斯普朗德是否这么说过或者思考过，如今已经无从得知。但是，环绕这座建筑物走一圈后，就会产生一种错觉，仿佛阿斯普朗德充满这种坚定信念的低声细语，不知从何处传到我的耳朵里来。

“梦想的产物”让我想起来一件事。

斯德哥尔摩市立图书馆还有一个必须写下的、令人心动的地方。那就是一楼专为孩子讲故事的儿童专用图书馆。这个带点神秘气氛、略显昏暗的房间角落设计为半圆形洞窟状，中间放着朗读者的椅子。椅子背后的墙壁上，有一幅尼尔斯·达戴尔以瑞典民间故事为题材的幻想式湿壁画，更增强了房间原有的童话气氛。儿童听故事的时候，或是坐在朗读者周围的圆弧形长椅上，或是直接坐在地板上。这个小房间洋溢着如同林中草地一般的亲密氛围，让人不禁想讲故事，或者想听故事。供朗读者坐的藤编朴素椅子也渲染了这种戏剧性的气氛。据说这也是阿斯普朗德的设计，他把椅子做成普通椅子的 1.5 倍宽，让人感到围在这把椅子四周的孩子们更加娇小可爱了。

在这个专为幼儿打造的房间里，当我坐在圆弧形的椅子上，凝视着空荡荡的朗读椅时，不禁开始想象：如果在这里，有一位魔女般的女性，或形象非凡的男性正读着与他们形象相仿的故事书，那会让听故事的人多么紧张而心跳加速呀！

就好像让岸田今日子（岸田女士讲述的姆明故事，太让我痴迷了）朗读宫泽贤治的童话，让已离世的奥森·威尔斯复活过来讲一段彼得·潘的历险故事那样……

在这个图书馆里，或许还隐藏着能不知不觉将人引入梦想的其他玄机吧。

4
再会石墙

闲谷学校

1670 年 日本 冈山县备前市

贤明的备前冈山藩主池田光政（1609—1682）选定了这块“读书、做学问的好地方”，开设了庶民学校，开展有别于武士子弟的教育。这所学校进行儒学教育，也接受其他藩的子弟入学。学校的讲堂、圣庙、神社、校门等都使用著名的备前烧（备前陶器）的屋瓦，校舍周围的石墙则由技艺高超的石匠砌成。该校的讲堂于 1701 年重建而成，为日本国宝，是日本现存最早的近代学校建筑。该讲堂精选上等建材，易受风吹雨淋的部位均使用黑漆进行加固。闲谷学校有一项自创立以来传承至今的新年仪式——新年之际，跪坐在磨得锃亮的地板上朗读《论语》。

将闲谷学校围起来的石墙。石墙以濑山石细心堆砌拼贴而成，其色调与触感之美超乎寻常，令我陶醉，唯有出神欣赏而已。

有句话说“习惯成自然”，果真如此。我在接近二十岁时投身建筑界，从那时起，每天 24 小时，满脑子里只想着与建筑有关的事。忽然有一天，我发现自己有个习惯已成自然，那就是，我会把自己的所见、所闻乃至所感，全部与建筑结合起来。

据说，对爵士乐倾其一生的渡边贞夫先生曾经放言：“我连吃饭时都在想着爵士乐！”对他的这句话，我感同身受。虽然我采取的是不张扬、适合自己节奏的工作与生活方式，但我至今为止的生活似乎也可以称为：“我连吃饭时都在想着建筑！”

由于这样的“习惯成自然”，我即便只是无所事事地眺望风景，也会忽然从风景中发现“建筑”的重叠影像。或许说“能把风景看成建筑”，会更通俗易懂。

举个例子，我常去神奈川县大矶町度过周末和假日，那里有个非常漂亮的沙滩。我去沙滩的时候，早上会带着装在保温瓶中的牛奶咖啡、面包、水果等简单的早餐，傍晚就换成罐装啤酒或冰凉的雪利酒，坐在沙滩的海岸阶地上，悠然地眺望大海，我会觉得，太平洋就像一个宽敞的庭院，而我置身的背靠松林的阶地，

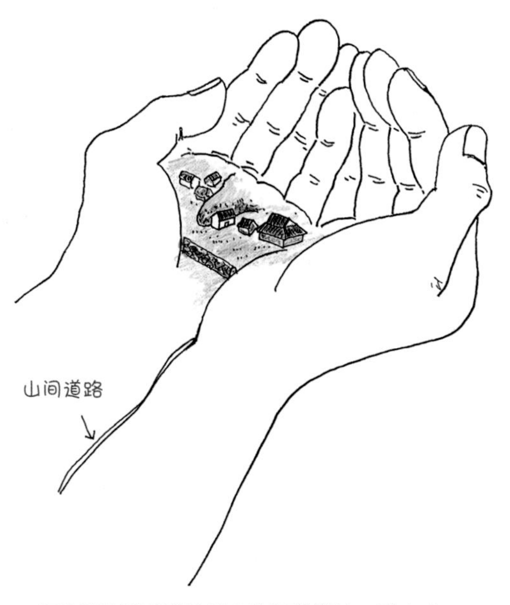

将建筑物重叠到风景中的闲谷学校，看上去像被周围的群山小心翼翼地捧在手心。

就像一条可以眺望庭院景色的舒适长廊。

有一次，我受客户委托，要设计山中别墅，为此去看现场。当我站在山上俯视建筑用地时，我可以在树林中的倾斜地面上，看到餐厅在这里，起居室在那里，浴室在视野良好的一带，别墅的设计图就像叠影一样浮现在眼前。我这么说可能有些奇妙，不过，其实不单是地形，就连吹过来的风和阳光，似乎都在微笑招手示意，像在呼唤“建筑”一样。这么一来，设计工作就变得简单了，只要将这些叠影画成设计图，再用模型确认外形和内部空间，基本设计的主要内容就完成了。

看到风景和地形后，脑海中会自然而然地浮现出建筑，这一习惯在我而言是由于职业关系，在不知不觉中培养出来的。但是，有一次我偶然发现，这种能力原来并不是建筑师所特有的。

300 多年以前，已经有一位能人在风景中看到了建筑叠影，并且在冈山县备前市留下了一件无可挑剔的、了不起的证物。

那位能人就是创建闲谷学校的池田藩藩主，池田光政（1609—1682）。他笃

《闲谷学图》（局部图），绘于 1813 年。图左边的茅屋群为宿舍，隔着防火山，右边为讲堂，高台上并列的是圣庙和闲谷神社。 纸本着色，35.8 厘米 ×532.0 厘米，现藏于冈山县立博物馆。

石墙全长 765 米，环绕在高低起伏的学校四周，充满重量感。
它的模样不禁令人想起著名雕刻家野口勇的作品，有这种看法的
一定不只我一人。

信儒教，是因贯彻仁政主义而出名的贤明领主，非常重视教育，于 1670 年创建闲谷学校，旨在让庶民子弟也有机会接受教育。在学校选址过程中，光政就充分显示出了“在风景中看到建筑”的能力。

17 世纪 60 年代中期，由于池田家墓地所在地京都妙心寺护国院遭大火焚毁，光政在其领地内重新寻找地点来作为墓地。他把寻找墓地候选地的重任交付给优秀的心腹津田永忠。永忠受命后，走遍了池田藩的领地，最后找到两处选址，并带光政去勘查。这其中之一就是闲谷学校所在地——和气郡木谷村。

他们一行人在山谷中一路披荆斩棘，终于到达位于最尽头的此处，一个豁然开朗、群山环绕的地方，宛如被群山温柔地捧在双手手心的一处静谧的盆地。

据说光政到访木谷村时正值晚秋，想必环绕盆地的群山一定是满山红叶，层林尽染，美不胜收吧。

闲谷学校的石墙。形状像巨大海参的石墙，上面有交缠模样的石块拼花，你看出来了吗?

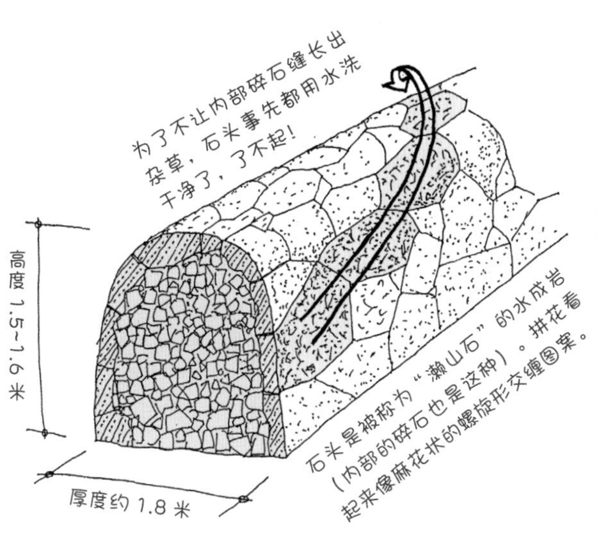

光政环视周围风景后，直觉感到：“比起墓地，这里是修建学校的最佳地点。”进一步说，他无疑是在山谷中看到了学校的叠影，眼前浮现出了孩子们在此用心学习的图景。群山环绕的盆地形空间，正是安心读书的理想环境。我想，这个位于深山的山谷空间，用今天的话说，一定以校园全景的模样清晰地浮现在光政的脑海之中了。此地原名“木谷”，后来改为“闲谷”这个散发着幽静气质的优美名字。

虽然我这篇文章以风景和地形之中潜藏着“建筑”开篇，但其实当我在 30 年前第一次参观闲谷学校时，对此并没有这么强烈的感受。当时我只是觉得“作为学校的地点来看，此处颇为聚气，相当不错”，但对于学校这一用途与地形之间的关系等，完全没有想到。或许当时设计实务经验尚浅，还没有培养出看风景的眼力和对地形的感受力。或许是因为这个原因，当时我的目光都被石墙和备前烧的瓦片屋顶等事物吸引。

在远离俗世的地方，为着做学问这一共同目的过着集体生活，这或许会让人联想到修道院。无论群山围绕的地形也好，流经附近的河川也好，周围的气氛也好，这些都不禁让人感觉与普罗旺斯西多派修道院颇为相似。

谈到地形，就需要谈一谈闲谷学校在校园布局方面所独具的匠心。

这个学校采取寄宿制度，宿舍、餐厅、厨房都安排在校园的西边。这是平时会用到火的生活区域，它与东边包括讲堂、圣庙等学习与仪式的区域之间有一座山丘叫作“火除山（防火山）”，它能够防止火势蔓延，建造得十分巧妙。

建造防火墙很常见，但是为防火而特意造一座山，这种大规模的土木工程在日本非常罕见，不过，延长山脊所造的防火山发挥了巨大功效，1847年宿舍失火并蔓延开来，大火几乎烧毁了西边所有的建筑，但是据说大火并没有延烧到东边的建筑物。

登上后山眺望校园全景，就会发现，神社、圣庙、讲堂、茶房（供休息用的房间）、书库等用途及规模各不同的建筑，也都巧妙利用了因山麓的皱褶而产生的形状不整、高低不齐的地形，并且保持着不远不近的适当距离，整体在布局上都很宽敞。防火山拥有多么有效的防火功能，从后山上可以看得十分清楚。1813年，精彩画作《闲谷学图》面世，它描绘了从高处俯瞰的群山环绕下的校园。画家想将让人联想起佛教寺院的校园布局描绘成画作，这种心情我非常理解。

池田光政初次来到这个山谷，环顾周围之时，这样的绘图是否已经清晰地浮现在他的脑海中了呢？对此，我作为建筑师，感到非常好奇。

我第一次拜访闲谷学校时，让我瞬间着迷，给我留下强烈印象的是，那环绕校园的触感优良的石墙，它的材质感、高度精密的石匠技术，还有如雕刻品般优美的形态。其实，我这一次就是因为想再次仔细地瞧瞧它、抚摸它，才再度造访。

石墙起到为学堂这一圣域张开结界的作用，其总长约有765米，它的特点是横截面呈半圆柱状。它不是只用石块堆积而成的，而是先用当地产的一种叫作“濑山石”的水成岩碎石砌成土堆状，外面再用同种类的水成岩石片，按拼图的要领紧密堆砌而成。

我大概测量了一下，墙的厚度约1.8米，从学校内侧所量出的高度约1.5米。根据说明描述，由于不愿见到日后从石头缝隙长出杂草的碍眼模样，建造者事先清洗了石墙内部的碎石，把含有杂草种子的土全部洗净，真是仔细的工作。

讲堂和书库（左边白色墙壁的建筑物）的大屋顶由备前烧制的陶瓷瓦片覆盖着，背后突出且长草的山丘是防火山。石墙围绕的校园内是宽敞、令人羡慕、舒适安静的读书环境。

国宝级的讲堂内部。从禅宗寺院的花头窗射下的光线，照着光亮的地板表面。

在了解石墙的构造、施工方法及材质之后，一些单纯又直接的感受涌上心头：“多么有魅力的形态！”“多么美丽的拼贴模样啊！”

靠近些仔细观察石头拼花图案，我发现几乎所有的石头都是从四角形到六角形的多角形态，经过精妙的组合，形成画卷般的魅力，令人百看不厌。

从一块石头开始到下一块石头，接着又是旁边的石头，好像用眼睛堆积木一样地盯着石头一块一块看，渐渐感觉自己变成了石匠。复杂的石头组合，有如拼图玩具一样，一旦来到某个嵌合紧密、拼贴得很漂亮的地方，我也会想拍拍洋溢着满足笑容的石匠的肩膀，给予慰劳。当石头逐渐到达半圆柱体的肩部之后，便以弧形的曲线轨迹往上堆，直到两侧相连接在一起。拼花图形不单是把石头摞到石墙上面而已，而是像画麻花似地描绘出螺旋形的交缠模样。整个长长的石墙上，完全没有裂缝，可见石匠在石头拼花的组合方法上煞费苦心。

近距离充分观察过石墙后，我决定坐在讲堂外面的长廊上，从稍远处眺望石墙。以杉木林立的山为背景，石墙一字延伸，它所展现的现代之美，超乎寻常。根据不同的欣赏方式，石墙也可以看作是野口勇的雕刻作品横向摆放在地上一样。长廊的地板磨得光亮照人，摸上去手感很好。我想，如果侧身躺在地板上，手撑着脸颊远眺石墙的话，心情一定非常好！正想这么做的时候，我看到旁边有个木制告示牌写着“请勿在长廊躺卧”。看来一定也有其他与我有同感的“石墙爱好者”吧。

对了，差点忘了。闲谷学校是一所有名的儒家学校，像躺卧在地板上之类的无礼行为当然是不行的。

5
别出心裁的住宅

母亲之家

｜设计｜**罗伯特·文丘里**

1962 年 美国 宾夕法尼亚州费城

这是罗伯特·文丘里（Robert Venturi，1925—2018）为其寡居母亲所建的住宅。此人被称为美国现代建筑第一人，在建筑的实践与理论领域均大放异彩。其母的要求很简单，只有三点：不要车库，不多花费，不摆架子。然而，文丘里却花费了五年时间去设计，据说这也成了他在宾夕法尼亚大学所教学生之间的谈资。文丘里出生于费城，普林斯顿大学毕业后，曾任职于埃罗·莎里宁（Eero Saarinen，1910—1961）和路易斯·康（Louis Kahn，1901—1974）的建筑事务所，1957 年独立创业。近年来的代表作有西雅图美术博物馆等。

每到新学年，建筑系都会迎来新生。又到了我向双目炯炯、充满期待和好奇的新生们教如何使用制图工具的时候。

这些学生尽管凭志愿考入建筑系，但对制图一窍不通。因此，我从拿铅笔的方法，到画线时的姿势、笔压与运笔的速度等，全部亲自示范并严格监督。此时，我会忽然感觉自己好像变成了百货商场推销万能菜刀的大叔，又像是给弟子传授刨子用法的木匠。带着这种想象，我愉快地教着一年级的新生们。如今世上，不论制图或素描，都在从手工转变为电脑，或许，能这样悠闲地开展私塾式教学的日子，须且教且珍惜。

当学生能在图纸上画出勉强能看的线条后，下一步就该教他们制作模型了。因为这是让学生掌握立体建筑空间最快而最扎实的方法。

教学生做模型看似容易，但其实很棘手。除去学生在技巧方面存在的巧与拙、快与慢等个体差异之外，真正的困难在于如何把“建筑模型应是什么样的”传授给学生。

我只要看一眼模型，就能判断出“好”或者“不好”，但真要向学生讲授其中的区别时，却又不知从何说起。

其决定性因素并不在于模型的精确或漂亮程度。使用技巧精心制作出来的作品，有时会适得其反。精制程度越高，反而与“建筑模型”相差越远。例如，有位双手灵巧且做事认真的女学生做出了一个精致至极的模型，门能够开合，蕾丝窗帘能够放下，但是很遗憾，那不过是个按比例精确缩小的“洋娃娃之家”，却不是真正的“建筑模型”。说得通俗易懂些，那只是个“芭比娃娃之家”。

同时，“铁路模型”也不能算“建筑模型”。因为将砌砖隧道、车站等做得逼真的铁路模型，也不过是个男孩版的“芭比娃娃之家”罢了。要制作真正的建筑模型，首先必须去除这类孩童的品位。

建筑模型并不是实物的缩小版。建筑模型的本质，是要在材质或手法上对实物进行适度抽象。只有通过抽象，设计者对于实际建筑空间的想象力才能发挥作用。

或者说，虽然都是模型，“芭比娃娃之家”类的模型封闭在形象固定的、出于爱好的狭隘小天地里，建筑模型则应表现出建筑物的现实感。这两者之间存在着决定性的差异。

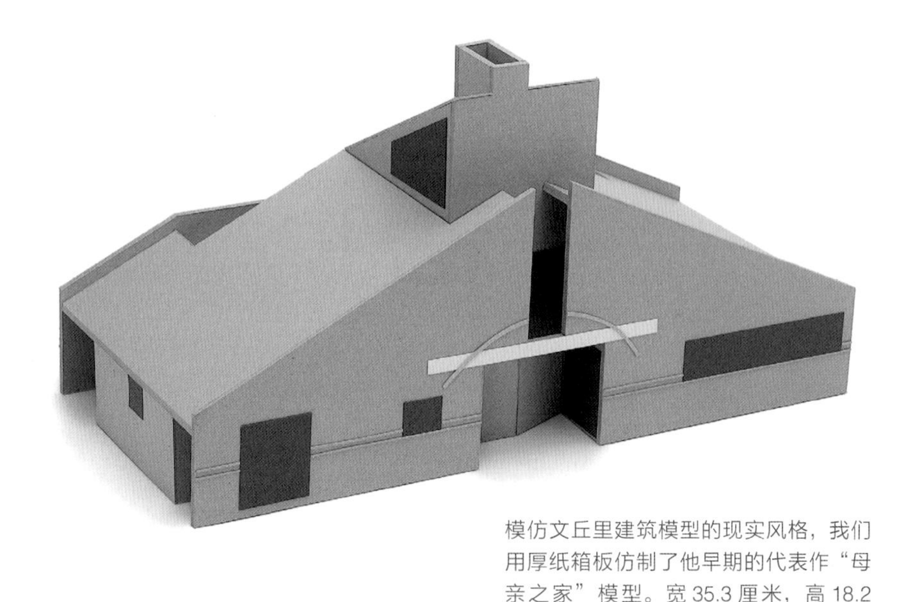

模仿文丘里建筑模型的现实风格，我们用厚纸箱板仿制了他早期的代表作“母亲之家”模型。宽 35.3 厘米，高 18.2 厘米（比例尺为 1 ： 50）。模型制作：中村好文、堀木三铃。

事实上，即便是专家，也很难对建筑模型做出判断。在此列举一个我认为属于不好的建筑模型的典型例子吧。

那就是收藏于纽约现代艺术博物馆[1]的建筑模型“流水别墅”。该模型由弗兰克·劳埃德·赖特设计，它不仅将建筑物，就连建筑物周围的森林树木和溪流，甚至水花四溅的瀑布都如实地复制下来，真实到令人生厌的程度。也就是说，这是一个名副其实、毫无争议的“芭比娃娃之屋”。

我认为好的建筑模型，其典型的代表就是罗伯特·文丘里的作品。

他制作的模型，最大的特点就是简朴。他的模型只是将厚纸板切开并组装起来，在窗户和出入口等开口部分贴上彩色纸，风格简朴而冷淡，但就是这种不讨喜的模样，反而能够营造出建筑物的氛围。这种彻底抽象化的风格，带来一种不可思议的存在感和真实感。

1 纽约现代艺术博物馆，简称 MoMA，被誉为设计与现代建筑史之圣地。

MOTHER'S
HOUSE 1962

Chestnut Hill, Pa.
Robert Venturi

（母亲之家，1962年，
美国宾夕法尼亚州栗树山）

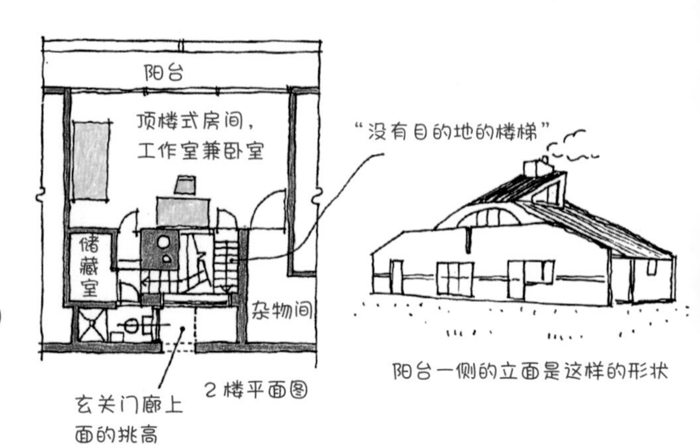

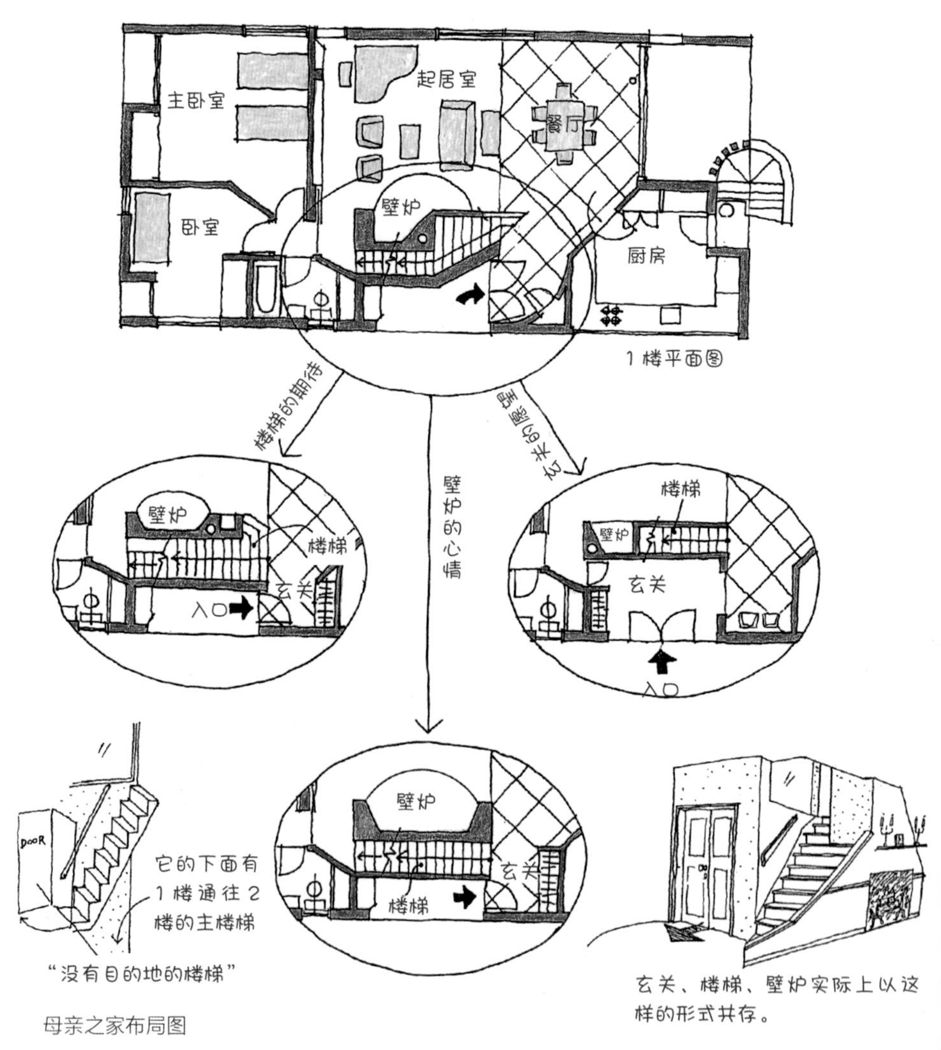

母亲之家布局图

对文丘里来说，模型是设计时不可或缺的立体版素描。他总是把模型放在制图板旁边，不时地剪一剪、贴一贴，而不是当作一个已完成的装饰品。这一点应该与他的模型所具有的魅力直接相关。也就是说，我们通过观看这样的简易模型（Study Model），就能窥见他那如戏剧般扣人心弦的设计过程。

为母亲设计的“栗子山住宅”，是文丘里的早期代表作，也是让他一夜成名的作品。这个家也被称为“母亲之家”。颇有意思的是，刚独立创业的年轻建筑师们都会从为自己的父母兄弟设计住宅起步，好像这就是古往今来世界通行的人生大事。例如，现代建筑大师勒·柯布西耶（Le Corbusier，1887—1965），年轻时也为父母设计了一处小型住宅（也叫“母亲之家”）。我饶有兴趣地查询后发现，柯布西耶完成“母亲之家”时是 37 岁，而文丘里也是在相同岁数时完成了自己的“母亲之家”。

文丘里的“母亲之家”总面积约 165 平方米，这在美国的住宅里算是小房子。可是，从着手设计到落成为止，前后居然耗费了 5 年之久。房子的住户是理解儿子的母亲，因此这是一个难得的机会，可以大量运用自己在建筑方面的独特研究成果并将其呈现出来。从那超乎寻常漫长的设计期，足见文丘里干劲十足。

在这里，我必须稍微谈一谈文丘里在建筑方面的“独特研究成果”。他与通常所说的现代主义建筑师多少有些不同。简言之，他既不是建筑师中常见的艺术家类型，也不是具有工匠气质的名匠类型，而是具有学者风范的研究者类型。文丘里曾向古代建筑，尤其向矫饰主义（Mannerism）、巴洛克、洛可可等风格的建筑大量学习。他凭借清晰的头脑和透彻的眼力所达成的研究成果，毫无保留地凝聚在设计“母亲之家”时所撰写的《建筑的复杂性与矛盾性》（*Complexity and Contradiction in Architecture*）一书中。该书被视为 20 世纪最重要的建筑书籍，其第 1 章“别出心裁的建筑”充分体现了该书内容丰富的特点，因此我引用其中一部分来为大家介绍（稍微有点长，请见谅）。

建筑师再也不能被所谓“正统现代主义建筑”的说教吓唬住了。我喜欢基本要素混杂而不“纯粹”，折中而不“干净”，扭曲而不“直率”，含糊而不“分明”，既反常又无个性，既恼人又有趣，宁可平凡也不造作，宁可迁就也不排斥，宁可过多也不简单，既传统又创新，宁可不一致和不肯定也不直截了当。我主张杂乱而有活力胜过明显的统一。我赞同不根据前提的推理以及二元论。

位于起居室中央墙壁的壁炉和嵌入墙壁的书架，营造出良好的居住环境。伫立在室内，就会心悦诚服：这个住宅的确是“砸向现代主义玻璃窗的砖头”。

我认为意义的简明不如意义的丰富，功能既要含蓄也要明确。我喜欢“两者兼顾”胜过“非此即彼”，我喜欢黑白或灰而不喜欢非黑即白。（周卜颐译，江苏科学技术出版社）

我不敢说自己完全理解这两段意味深长的文字，但我觉得，它是在说“人们认为，现代建筑就是要清爽、整洁、外形好看，但是，建筑的真正趣味，绝不应只是这些。”

颇有意思的是，文丘里的上述理念成为支撑“母亲之家”设计的理论基础。也就是说，按照《建筑的复杂性与矛盾性》一书原模原样地制成立体的建筑模型，再放大还原为实物尺寸之后，所得到的建筑物，就是“母亲之家”。

如此心悦诚服之后，再去观看由于三者制衡而偶然产生的、正面撞上墙壁的楼梯时，我不禁想起希腊克里特岛村外楼梯的自由造型。说到楼梯，二楼还有个“没有目的地的楼梯”。文丘里解释道：“尽管这个楼梯产生于游戏之心，但人们可

二楼卧室门的另一侧，可以看见著名的“没有目的地的楼梯”。

从玄关到二楼的楼梯。沿着斜墙向上走的楼梯在中途突然变窄，这是由于起居室的壁炉背面向外突出所致。

以爬上它涂油漆，擦高处的窗子。从这个意义上来说，它也是实用的。”

虽然文丘里将建筑的游戏之心与智慧机关大量地融入这个住宅，但它绝对不是一所“忍者之家”或机关重重的房子。它给人的整体印象是安稳而普通，既没有实验住宅派常见的那种歇斯底里的模样，也看不出卖弄学识的影子。我把自己当作在此居住的人，从这一视角再次审视这栋房子后，觉得住起来会相当舒适。最重要的是，它是一栋既漂亮又有格调的住宅。

据说，文丘里的母亲非常满意这栋爱子勤奋努力、全心全力建造出来的房子。起初，她还嫌弃餐厅的大理石地板有些“虚荣”，但不久之后，她就喜欢上了与那些络绎不绝前来参观的目光炯炯、年轻英俊的建筑师们聊天。

文丘里的母亲是意大利移民。可以说，这栋住宅是儿子怀着感激与敬爱之情，献给“教母”般伟大母亲的礼物。

住宅的背面，各种不同要素看似随意地汇集在一起。这个住宅问世后，因其打破了追求整洁、平淡的“饼干盒”式现代住宅价值观，而获得了极高评价。它的外观的确奇妙。

6
村宅的居住感受

河回村

韩国 庆尚北道

安东市在朝鲜时代有许多学堂，是知名学者辈出的“儒学之乡”。河回村位于安东市郊外，因被韩国第二大江洛东江以 S 形蜿蜒环绕，取“河回于此”之意而得此名。这里是两班阶级（朝鲜古代贵族）丰山柳氏一族聚居的村落，如今该家族人数在全村约 250 人中仍占 70%。村子中央有一棵树龄达 600 年的大榉树，道路从村中央呈放射状展开，道路两旁既有瓦房的两班住宅，也有茅屋民宅，共约 180 户，如今依然保持着往日风貌。整个村落被认定为重要的民俗文化遗产。该村祈祷和平与丰收的假面舞也很有名。

被河三面围绕的河回村，16 ~ 17 世纪时的村落风貌依然留存至今。

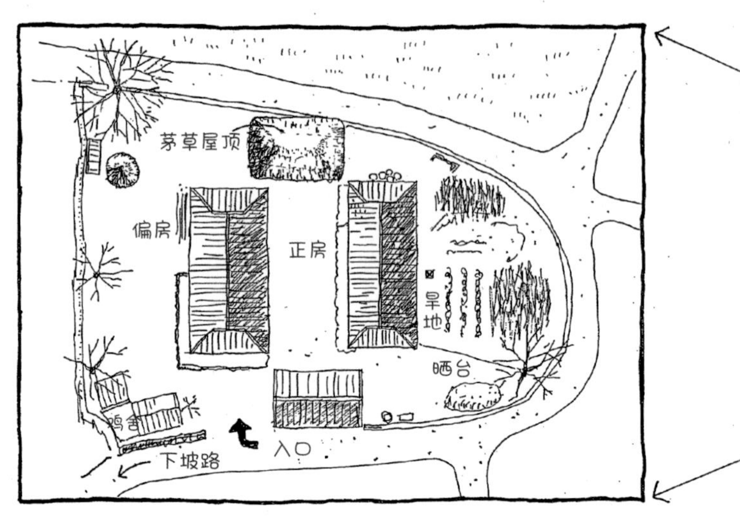

建筑物配置图（建筑用地的使用方式）

村庄入口处伫立着一棵枝叶优美的柿子树。

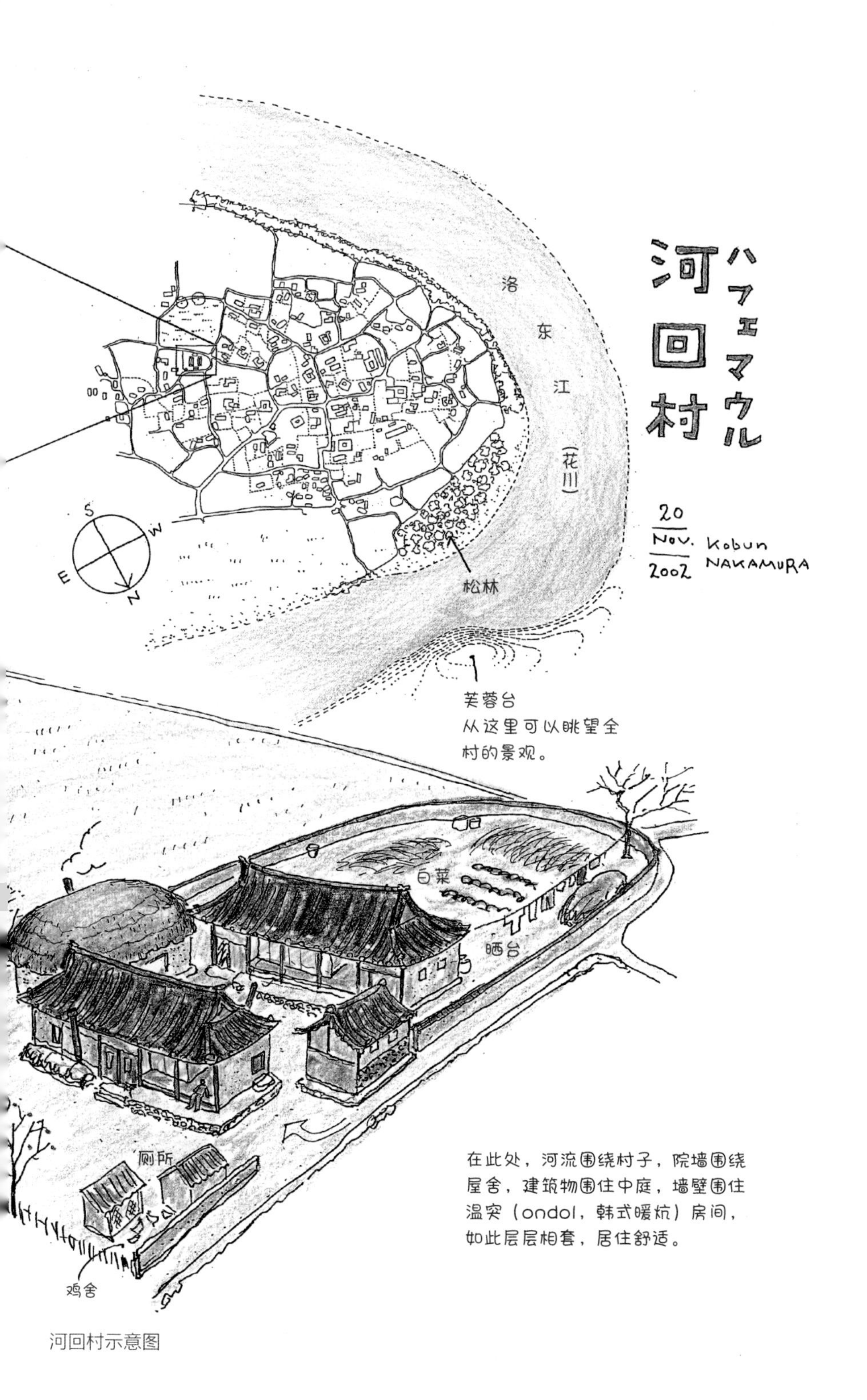
河回村
ハフェマウル
洛东江
（花川）
20 Nov. 2002
Kobun NAKAMURA
S
W
E
N
松林
芙蓉台
从这里可以眺望全
村的景观。
白菜
晒台
厕所
鸡舍
在此处，河流围绕村子，院墙围绕
屋舍，建筑物围住中庭，墙壁围住
温突（ondol，韩式暖炕）房间，
如此层层相套，居住舒适。

河回村示意图

韩国首尔市东南方向约 190 千米处的安东市郊外，有个村子叫河回村。这个村子至今仍保存着 16 世纪（李朝时代）时的古村落形态与生活习惯，因此闻名于世。整个村落都是传统民宅的宝库，保留着鲜活的平民家园趣味。已经有很多人告诉我，在庆尚北道的乡下，至今仍保存着这样一个村落。每当我说起对韩国的民居有兴趣时，对韩国历史和文化颇为了解的朋友和建筑师，要不就问我：“那你去过河回村了吗？”要不就向我推荐：“那你可一定要去看看河回村”。

我还是学生时，有段时间曾被朝鲜李朝时代的工艺吸引，因此经常去日本的民艺馆参观相关工艺品。不过，当时我既不是为了研究也不是为了学习，只不过是去看一看，或是画一画自己喜欢的陶瓷器和木制工艺品。后来，在我即将迈入 30 岁时，第一次去了韩国旅行，当时参观了位于首尔近郊的“民俗村”。以此为契机，我开始关注韩国民居之美、居民的居住方式和生活方式等。如此这般，我的关注对象从工艺逐渐转向（或许应该说扩大到）建筑。

由于村路呈大拐弯状，不能一眼看到前方之路，因此心中充满期待，毫不厌倦地四处漫步。

“民俗村”把韩国各地的传统民宅移建在一起，对像我这样特别关心居住问题的人来说，这里就是摆放着许多珍贵民宅教材的户外教室。所以，只要访问韩国，我就会去参观民俗村。虽然不错，但毕竟是“仿造品”，总觉得像是摄影的外景布景。于是，我逐渐开始憧憬既有人们的真实生活，同时又保存着李朝时代面貌的“真正村落”。就在这时，我多次听说了河回村这个名字。

2000 年 11 月，我来到河回村。

其实，前一年的 12 月我就曾到访这个村庄。那次停留不到半天，不想浪费时间，就只在温暖冬阳照射下的乡间小路上快步走了一圈。一年后再次来此，我想要住一住真正的温突房，于是决定在村中的民宿住上两晚。这次时间充裕，我可以仔细欣赏民居和风景，慢慢品味村落风情，不时拍拍照、写写生，拿出卷尺做做实地测量。

我先简单介绍下村落的概况吧。前面已经提过村落在地图上的位置，如果开

（右页：从右上开始顺时针方向）上层阶级家庭的屋檐下整齐排列着的小餐桌。屋檐下挂着大酱胚，院里堆着大白菜的人家。干柿子如珠帘般悬挂着，院子里晒着萝卜干。这户人家密密麻麻地挂着棉质药袋，大概是家中经营药铺。

门上贴着家训的人家。

车从首尔出发，全程走高速公路，行驶约 5 小时便可到达。全村被洛东江（也叫花川）以 S 形环绕，形成像半岛一样的马蹄形。多亏了 S 形的洛东江，在这里生活，少去三面受敌的担忧，因此就像待在大衣内侧的口袋里一样，生活和平而安宁。村子的中央部分地形微高（请想象日本的铜锣烧馅饼的形状），周围几乎都是平地。河回村的意思是“河流回绕的村落”，直观地表现出村子的特点与形成。或许是因缓坡形成的S形地形的影响，从地图上看，村里的道路分布有点像龟甲上的花纹，几乎没有十字直角交叉的道路。道路充满变化和魅力，让我能在村里逛多久都毫不厌倦。村里的道路没有一条是直的，拐个弯，缓缓弯曲延伸，又以钝角或锐角的形式与其他方向延伸来的道路交叉，无论大路还是小道，都有充满个性且丰富多彩的风情。

为眺望村落全景，我乘出租车出了村，绕了个大弯，前往位于 S 形底部对岸的断崖峭壁（被称为“芙蓉台”）。爬上芙蓉台俯瞰全村，可以看到瓦片屋顶和茅草屋顶的民居以恰到好处的密度并肩聚集，既不会过分密集也不会过于分散。

病後是爲健康可貴

该村的名门，柳氏的住宅“养真堂”是 17 世纪初期的建筑物。
屋檐上扬的瓦屋顶，充分地表现了韩国民宅的特征。

棕灰色的蓬松茅草屋顶，让我想到山羊等食草动物的背部，看上去像是这些动物来到河边饮水一样。

从高处俯瞰时，跃入眼帘的就是“在河流温柔怀抱守护下的美丽村庄”，令我入迷。温突烟囱的袅袅炊烟随处升起，我禁不住喃喃道：“真是热闹啊”。

现在整个村子据说有约 180 户人家，最盛时期曾有 300 户，想必那时村落一定是更密集、更热闹的景象吧。

根据观光指南的说法，村中值得一看的地方很多，但对我来说，“道路”和“民居”是两大主要看点。顺着道路逛，从有土墙和前院的民宅一家家看过去，会有各种发现，趣味无穷。在观摩这里村民的生活形态时，我思考着人与住宅的关系以及这些住宅里的日常生活，并且不自觉和自己设计的住宅以及里面的生活做比较。这大概是出于身为建筑师的职业意识吧。这个村子的民居无论作为聚落，还是作为单个民居，都很有看头，看得我这个建筑师心潮澎湃。

落日余晖下的民宅。蓬松柔软的茅草屋顶和壁角微圆的土外墙，酝酿出无法言喻的怀旧风情。枯枝间露出的那一团块，是喜鹊的巢。

村里没有像在韩国其他地方常见的那种预制板拼装的现代住宅，只有瓦片屋顶和茅草屋顶的民宅，两者各占一半。村中心瓦片屋顶较多，周边则茅草屋顶较多。墙壁大多被涂抹过，既有灰浆修饰的，也有粗糙土质的。每家的前院和后院，都被有效利用起来，用于干农活或者晾晒各种物品。这让我重新发现，原来不只人会劳动，院子之中也有"劳动者"。这里的传统民宅必定有一个侧抹楼[1]和大厅抹楼，使用便利性及居住舒适度都不错，我想什么时候尝试把这些元素加入自己的住宅设计之中。

1 抹楼，韩语发音为 maru，本义是指传统韩式住宅里悬空高出地面一截的木地板，也指地板上的空间，有时也指客厅。侧抹楼和大厅抹楼分别指这种地板上的半开放式空间，上面有屋檐，夏天做起居室用。大厅抹楼更为宽敞。

我居住的民宿靠近村子东南尽头，左右两间是并列平行的正房和偏房，都是瓦屋顶，前后各有一间茅草屋顶和瓦片屋顶的房屋，这四间房将中庭围成一个口字。我正想简单画下建筑物布局和院子使用情况时，突然注意到一件有趣的事。

这户住宅用土墙围起来的形状和整个村子的结构相似，均呈 S 形，朝向也几乎一致，都是层层相套的样子。

如果在旅途中遇到这种小发现，我的心情就会雀跃起来。于是我马上放下简易素描这种小家子气的事，好好地做了个实地测量。

我们把话题拉回到村里的道路上。回想世界各地具有魅力的道路和村庄，我能想起的道路几乎都不是棋盘状，而是呈现随心所欲的自由形态。也有像纽约的格林威治村那样的例子，虽然它是城市网状道路系统中的一部分，却覆盖着歪斜的网眼状道路。它即便还不至于令人迷路，也已足够错综复杂，在捉弄外地人的同时，又给那些闭起眼也能凭感觉到达目的地的人带来强烈的共同体意识。这类自然产生而不是规划出来的聚落，它们的道路模式多少都具有相同的魅力，这些道路会悄无声息地把居民凝聚在一起。因此，在具有这种特征的村庄和街道出生、成长的人，对于自己所住之地的热爱，无疑是深厚的。“站在某条路的某个十字路口的话，可以眺望芙蓉台和花川”“某条路的某棵树在何时开花，何时结果”等道路特点，住在河回村的人们应该都了如指掌吧。

说到结果子的树木，我想起来一桩重要的事。进村的路除了主路之外，还有一条较为荒寂的旁路。就在那条路进村前的路段旁，伫立着一棵枝叶茂密、形态优美的柿子树。上次来这里的时候，我看到的是果实累累的景象，曾一度看得入迷。这树应该不是野生的，而是村民种在此处的。深深掳获我心的，不单是它的枝叶形态，更是它所发挥的指示作用。它指引着村子的出入口，默默守望着耕作的村民、往来的男女老幼。它一定深深承载着村民的感情，在景观方面也是不可或缺的重要道具。我想，聚落的舒适度，也许就是从这些细微的，让人不由得驻足并寄托心意的地方开始，不断积累之后而营造出来的吧。

我没有“座右铭”，倒是有几句话对我学建筑颇有启发，因而铭记。其中之一就是查尔斯·摩尔的“感受伟大建筑的最好方法，就是在那里醒来。”我喜欢旅游，当我前往世界各地，在各处住宿时，就会仔细体会这句意味深长的话。有时候，我会为了在某个建筑中醒来而专程前往该地。当然，我住进去后一般都会犯职业病，到处观察，给房间布局和家具做个素描、测量一番等。

清晨，村民开始在晨雾中的农田干活。
这棵柿子树像是在默默守护着他们。

因此，再度来到河回村，与其说是为了住韩国民宅，倒不如说，此行的目的是在温突房中醒来。檀一雄[1]有篇散文中这样写道：“生活在一间温突房里，那是我恒久的执念……我有一个愿望，希望在没有任何纷繁芜杂的温突房中，从容不迫地老去”。而我的愿望则是，在温突房中醒来。

我第一次访问韩国是在 1977 年 9 月到 10 月。那次旅行时，住在韩国建筑界超级巨星金寿根先生（1931—1986）介绍的一家名为云堂旅馆的传统韩式旅馆。

说起住韩式旅馆的乐趣，怎么说都应是温突房排第一。贴着白色传统韩纸的墙壁和天花板、贴着麦芽糖色油纸的地板（地板下面有温突）、一两件小型家具，如此这般，房间极为简单朴素。铺开薄薄的垫被睡下，此时所感受到的轻松和独特暖意，正是摩尔所说的，住在那里、在那里醒来才能品味到建筑的魅力。

前面提过，我每次去首尔必会去民俗村。之所以住韩式旅馆，其实就是为了在旅馆的房间里验证一下，我在参观民俗村的民宅时所想象的在温突房内居住、睡觉的感受是否正确。根据当时的素描笔记，我在云堂旅馆第一次住宿的房间，大约 6.5 平方米，房间外面连着一条窄窄的有遮雨屋檐的走廊。这个走廊上有个可向上打开的方形盖子。每到傍晚，天空变成海军蓝时，就会来一个脸上、衣服上都是炭粉，像煤炭一样闪着黑光的少年，我暗自称他“煤球小子”。他会打开走廊上的盖子，把一个能为温突提供整晚热量的煤球小心翼翼地放到地板下面。

在描述温突房的舒适体验时，不可不提的是，这家旅馆四周用院墙围起，里面有数个院子，是一个大型的合院式民居。

外面的马路上，汽车鸣着长号嘈杂地横冲直撞，自行车、两轮拖车在汽车与汽车之间东跑西窜，背着行李的男女老少的行人，夹着流着鼻涕的孩童，还有鸡犬穿行，喧嚣热闹，充满活力。只要穿过大门进入院落，就像换了一个天地一样，围墙之内阳光和煦，似乎被尘世遗忘一般寂静安宁。穿过大门处的中庭，到达后院，后院的一角，坐落着我住的那间小小的温突房。通过房间前面的走廊，穿过两栋房子之间的通道，那里还有一个面向厨房的中庭，无论何时我去，总能看见阿姨们在那里一边聊得不亦乐乎，一边麻利地精心做饭。

---

1 檀一雄（1912—1976），日本小说家、作词家，以私小说、历史小说、料理书闻名，被称为“最后的无赖派”作家。

我在河回村住宿的民宅偏房。最右边是我住的房间。时值 11 月下旬，室内室外只隔一扇纸门，但因为有温突，室内暖和得让人微微冒汗。

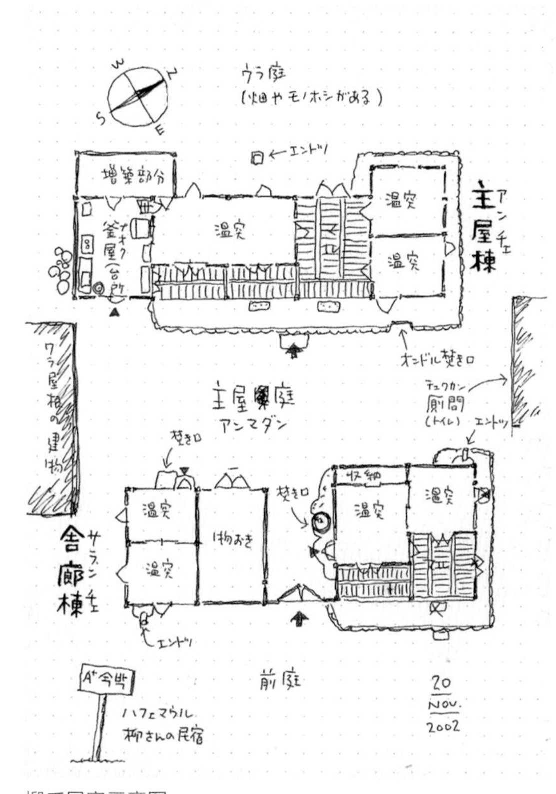

柳氏民宿示意图

在给民宿的温突烧火的 H 先生。温突炉口还兼作炉灶。大大的铁锅圆鼓鼓的造型，颇有韩国的特点。

这家旅馆的结构就像我在上面写的那样，要走到我的房间，必须一层一层地通过好几层才能到达，就像一层套一层的套匣一样。俄罗斯有种工艺品，叫作“俄罗斯套娃”，是在大木偶里面放入较小的木偶，较小的木偶之中再放入更小的木偶。当我在温突房内，裹在又薄又硬的棉被里睡觉时，感觉自己似乎变成了裹在襁褓里的小小套娃，心中充满了安心感。

所以说，我早在 25 年前就已多次在温突房内醒来，但是还从未经历过在传统民宅醒来。这次旅行的目的，就是为了体验“在传统民宅里醒来”。这次旅途，我请了住在首尔的漆艺家 H 先生担任翻译和导游。听说他还是位美食家，此行中的饮食大可期待。说点题外话，H 先生无论在风景还是建筑方面都会非常具体地描绘他独特的品味方式。而且，他的品味方式一定会有酒和美食出场，也就是伴随饮食的场景。

例如，提起韩国民宅的侧抹楼和大厅抹楼，H 先生会说：“夏日的午后，在通风良好的大厅抹楼，吃冰镇香瓜，喝啤酒，然后就地躺下睡个午觉，简直太爽了”；提起温突房，H 先生会说：“冬天的温突房最棒了！屋外天寒地冻下着雪，坐在屋里，让年轻姑娘给我倒杯清酒，再吃个泡菜火锅，其他什么也不需要啦”。他说这些话时，会眯着双眼，神情陶醉其中。如果用建筑学的语言来表达，那就

除温突房之外，韩国民宅的另一大特点：有着像宽敞带屋檐走廊一样的厅——抹楼。夏天，这里就成为起居室。上面的照片是我在河回村居住的民宿，右边是名为“无忧安息”的房间，左边是“高客满堂”。

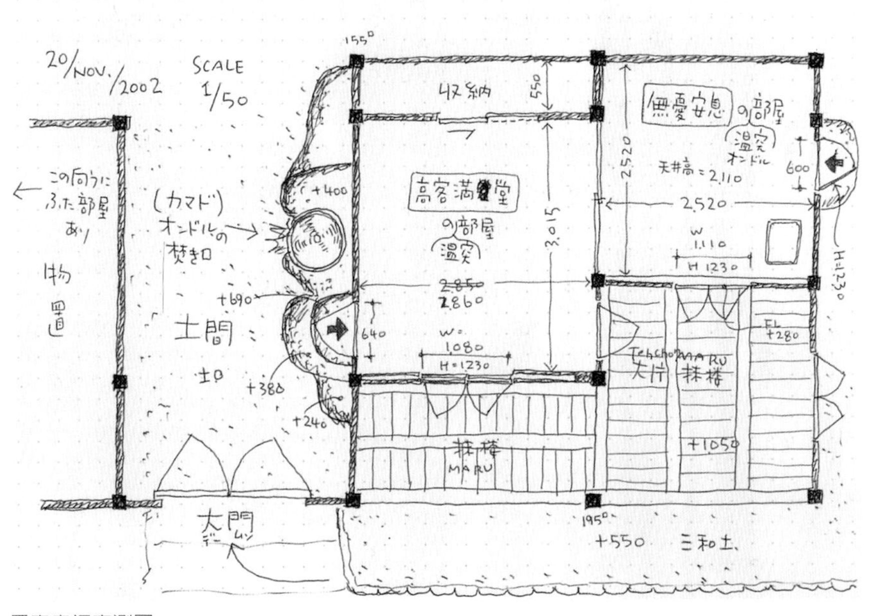

民宿房间实测图

我住的“无忧安息”房间内部。地上贴的油纸由于温突烘热，变成了麦芽糖颜色。睡觉时，就在油亮的硬地板上铺上又薄又硬的垫被。

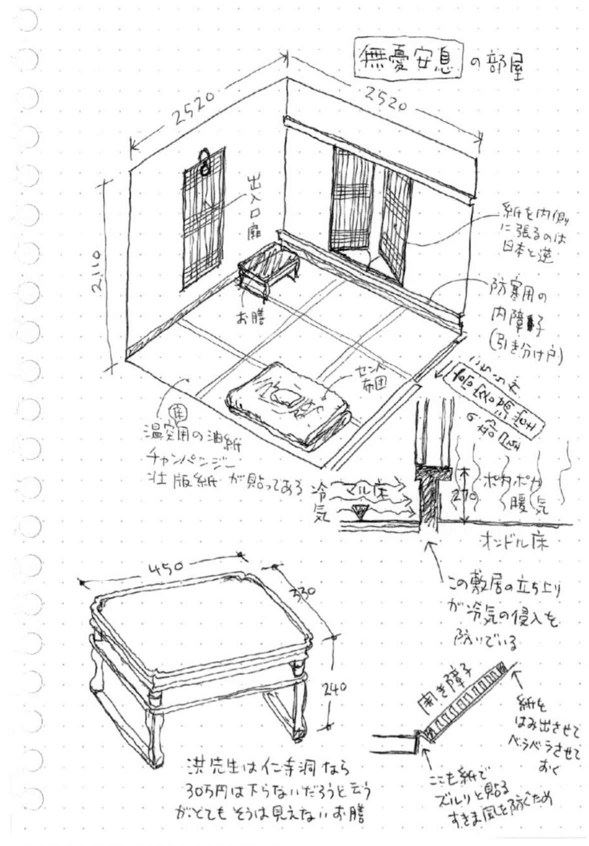

“无忧安息”房间内部示意图

房间的入口比日本的茶室入口还小。从此处看来，日本茶室起源于韩国民宅的这种说法，颇有说服力[1]。

是，场所与建筑空间的优劣，可以通过在该处经常进行饮食行为时感觉到的舒适度与愉悦度来判断……写到这里，我忽然意识到，我“为获得对建筑的实际感受，想要在该建筑中醒来”的想法，仔细一想，其实与 H 先生的饮食比喻在本质上是一回事。这么看来，我们两个人其实是通过“寝食”行为来品味、评价建筑的“一丘之貉”。

好了，回到在民宅醒来的话题。

我所住的那栋房子，据民宿主人柳先生介绍，从建成到现在约有八九十年了。

与主屋平行的偏房共有四间温突房，都被用来做民宿的客房。进大门后的院内有半户外型的泥地，建有兼作炉灶的温突炉口。

这个炉口可以供应两个房间的暖气。这两个房间应该原本就是用来招待客人的客房，因为房间外面分别张贴着“无忧安息”和“高客满堂”的字样。我住在“无忧安息”，H 先生住“高客满堂”。半户外型泥地的另一侧还有两个房间，大概

1 日本茶室入口的标准尺寸为 70 厘米 ×48 厘米。

我在村子里看到的温突炉口。注意看，炉口背后的出入口上，贴纸越出了门框，乍看上去贴得有些马虎。其实，这种“出框纸”能够防止风从门框周边缝隙钻入房间，体现出不拘泥于外表的生活智慧。

原本是家里人或佣人住的，那两个房间由同行的 S 先生和摄影师 T 先生使用。这让我对他们抱有歉意，因为我和 H 先生的房间外面有大厅抹楼或侧抹楼，自然高档一些。

仔细观察的话，侧抹楼和大厅抹楼似乎并不只是带屋檐的廊厅，而像是承担着更重要作用的空间，无论结构上还是建造中都花费了相当多的心思。日本传统住宅重视壁龛四周的设计与建造，与此相同，韩国的抹楼是房主显示自己建筑审美的地方，也是房主特别用心之处。抹楼的精心建造让我想到，韩国一定也有许多热衷于建造的人，而遗憾的是，我忘了问，这些人在韩国是怎么称呼的了。传统韩国住宅的最大特征和看点，就是拥有两种性质截然相反的居住体验：夏天的抹楼和冬天的温突房。不能只甘心于体验温突房，我一定要在一个盛暑的午后再次来访，在这通风良好的抹楼，睡一个心旷神怡的午觉。

温突房将炉灶燃烧时产生的热导入地板下，来实现地暖取暖，因此，为了保证取暖效果，房间面积普遍不大。我住的这间长宽约 2.5 米，合 6 平方米多一点；H 先生住的房间宽敞一些，约 8 平方米。总之都是单人房的尺寸。温突房所特有的那种襁褓一样的安心感和舒适感，我想，很大程度就来源于它的这种绝妙尺寸。此外，为了保证取暖效果，房间的开口处面积较小，也加强了被墙壁环抱的感觉，营造出一种密室或是洞窟的氛围。我住的房间墙壁和天花板上贴着塑料布，这有点煞风景。原本自然光从小小的开口处照射进来，在贴着白色韩纸的墙壁和天花

上方照片是河回村的名门——柳氏住宅“忠孝堂”的抹楼。下方照片是同一户住宅的温突房，其墙壁、天花板、壁橱门、壁橱框全部以韩纸装贴，形成带有密室氛围的适合思索的小空间。

板上扩散开，化作光芒的微粒子飘在空中，就会给室内笼罩上一层如薄暮般的神秘氛围。

这种情景如同“身在茧中”，而且茧中还暖洋洋的，又如同在“母亲的胎内”一样。因为四面被墙壁环抱，使心思自然向内而不再向外。换种说法，就是会感到趋向内省。也就是说，会不自觉地思考我从哪里来，往哪里去，想起很久之前的自己……

我曾经读到过千利休（1522—1591）其实是韩国人，而茶室起源于温突房这样的说法，当我潜入房间（实际上，我住的房间出入口就像日本的茶室入口一样），静心端坐时，感觉这种说法“或许是对的”“不，一定是对的”。

说到适合读书、冥想、思索的个人空间，我就会想到佛罗伦萨圣马可修道院的僧房。温突房里的静谧与内敛氛围，与圣马可修道院的僧房简直可谓如出一辙。

房间的细节充满了当地气候风土所孕育的建筑智慧，令身为建筑师的我兴致勃勃。例如，出入口不在地板上，而是特意建造高约二十七八厘米的门槛，进出时必须跨过门槛。这样一来，就可以防止冷空气在开门时顺着地面侵入房内。另外，出入口处左右对开的纸门上，特意使门纸宽过门框 1 厘米左右，在关门时，宽过门框的纸片部分就能堵住门框周围产生的细小空隙。

温突房里集结了主人长年累月积累下来的许多防寒细节，因此，即便在 11 月下旬，屋外已是零下三到四摄氏度时，屋里只要薄薄的一床垫被和一条毛毯，就足以暖暖和和，一觉熟睡到天明。

你问睡醒后的感觉？当然是神清气爽了。

房间外有个鸡舍，里边有只“尽忠职守”的鸡，每天凌晨四点整和六点整，都会“喔喔喔——”地打鸣儿五声，不管我是否愿意，都得让我早起。

打开朝向抹楼的窗户，屋外笼罩在清寒的晨雾中，窗框框出的窗外风景如梦似幻，仿佛黑白电影的银幕。

7
塔可夫斯基喜爱的废墟

圣・加尔加诺修道院

13 世纪 意大利 托斯卡纳

这是位于意大利托斯卡纳区古都锡耶纳以南约 35 千米处的修道院遗迹。此地有 12 世纪骑士加尔加诺的隐居小屋，他在附近的小教堂遗留下了刺穿岩石的“加尔加诺的奇迹之剑”。加尔加诺年少时曾放荡不羁，后来悔改，过着俭朴的修道生活。1185 年，他被教会列为圣徒之后，小屋遗迹被视为圣地，13 世纪西多会在此修建了修道院与教堂。该修道院结合了罗马式和哥特式建筑风格，它的规模在当时的意大利为最大，还成为锡耶纳大教堂的蓝本。然而后来衰微，到 15 世纪变成了废墟。

电影《乡愁》感人的最后一幕。以圣·加尔加诺修道院的废墟制作出来的俄罗斯村庄，雪无声地下着。电影才能做出的美丽谎言。

对我来说，2003 年似乎是个走访外国电影拍摄地的丰收年。这一年，我利用工作间的空档，连续走访了好些个一直向往的电影拍摄地。5 月，我参观了《第三人》中的下水道（参见本书后面章节）；6 月，我在马西莫·特洛伊西扮演纯朴邮差的电影《邮差》中的那不勒斯湾普罗奇达岛漫步；我还顺道踏上了卡普里岛，近距离参观了马拉帕特别墅——让 - 吕克·戈达尔所导演的电影《轻蔑》中的外景拍摄地。

而那年的 3 月，我特意前往位于托斯卡纳郊外的圣·加尔加诺修道院废墟，只为参观安德烈·塔可夫斯基导演（1932—1986）晚年代表作《乡愁》的拍摄地点。当时还春寒料峭，尽管阳光明媚，天气却冷得刺骨。早在《乡愁》这部电影首映之前，我就从一位非常喜爱电影，尤其醉心于塔可夫斯基作品的画家朋友那里，听到了他对试映的观后感："这是一部足以颠覆人们对电影的固有观念以及价值观的杰作。"听着朋友的热情描述，我对电影的期待也逐渐高涨，开演首日就急忙冲到了电影院。然而，我精神抖擞、欢欣雀跃地进了电影院，出来时却心情低落，步履沉重。这部电影本来就不是那种心情轻松、哼着小曲去看的，它给我的印象是像承载着极为黑暗的重负似的。虽然我也能凭直觉感受到这部影片的深邃主题反映的是塔可夫斯基的人生观和哲学，却不敢说能正确理解它的内容。坦率地说，以我鉴赏电影的功力，它不是我能看懂的。虽然无法凭头脑理解这部电影，但我感觉自己能从感官上去享受它。对我来说，这是一部深奥难懂的电影，但我也被它优美的影像与卓越的音乐所感动，以我自己的方式充分享受了电影特有的愉悦。后来，我读到了以喜爱电影知名的武满彻先生对这部电影的评价："整体上看，与其说去理解，不如说这是一部可以去感受的电影。"这让我感到，原来我对这部电影的看法也不算差。

欣赏电影的角度因人而异。有人欣赏故事情节，有人冲着电影演员去看，有人为欣赏其中的音乐和时尚，还有不少人是为了学习电影手法。

而对我而言，除了这些角度之外，还会多一种乐趣，就是环顾审视电影中作为故事舞台的街道、建筑物、室内摆设等。通过这些，我可以沉浸在仿佛自己也身临其境的感觉里，就像是一场超越时空的旅行。这让我不仅欣赏了电影，还极大地满足了旅行欲望，真可谓一箭双雕。不过，这种方式也不是完美无缺。银幕里的地点和空间会深深地印在我的脑海里挥之不去，最后发展到不去实地参观就无法收场的地步。

圣·加尔加诺修道院坐落于锡耶纳以南约 35 千米处。废墟孤零零地矗立在平缓丘陵上的葡萄园中，仿佛已经被人忘却。

在看《乡愁》时，我全身心沉浸在电影的最后一幕，并为之倾倒——近景特写的圣·加尔加诺修道院似乎跨越了屏幕，吞没了观众席。我为之震撼，一个愿望从灵魂深处涌上心头：“我想要去这里！”读到这里，没有看过这部电影的读者大概还是一头雾水吧。还是让我先用剧本方式介绍一下这令我震撼的一幕吧。

〇主人翁（戈尔恰克夫）的故乡——俄罗斯的风景

在雾气笼罩的树林中，伫立着一座似乎是主人翁出生之地的简陋小屋。濒死的戈尔恰克夫半躺在到处都是水洼的湿地上，眼睛朝观众方向望来。他的旁边，趴着一只大德国牧羊犬，眼神也朝着观众的方向。静止的镜头开始缓缓移动，逐渐拉远，整个场景慢慢显现，刚才的画面整个被放入圣·加尔加诺修道院的废墟里。

最后，没有屋顶的修道院内，雪寂静地飘落。画面逐渐被白色覆盖。雪不停地下，一首凄凉的俄罗斯民谣响起。远处传来犬吠声。

○字幕浮现

献给母亲的回忆　安德烈·塔可夫斯基

这些文字刚落笔，我便已开始感到激动。被这最后一幕震撼到的，似乎并不只我一人。数年前，我在威尼斯认识了留学生 K 夫妇，也与我一样，深深地被这一幕打动。他们两人非常喜欢这部电影和这最后一幕，还曾经租车游遍了《乡愁》的拍摄外景地（不过，痴迷到这种程度，大概是种病态了吧）。从第一次看这部电影以来，我就一直想知道“那座废墟到底在托斯卡纳附近的哪里呢？”于是，我立刻向他们打听到了详细地点。

圣·加尔加诺修道院位于锡耶纳的南郊约 35 千米处，以前是西多会修道院的一部分。关于这座建筑的历史，住在佛罗伦萨，特意租车带我去参观的石田雅芳女士为我简要介绍如下：

“修道院起源于 1180 年骑士加尔加诺·吉多蒂（1148—1181）所建造的礼拜堂。他在此地过着隐居生活。1185 年，加尔加诺被列为圣徒之后，西多会的教士在此地建造了修道院。修道院自 1224 年到 1288 年一直在修建，建筑式样的灵感来自法国的教堂建筑。修道院一度掌握着锡耶纳周边地区的宗教和政治大权，但是在 14 世纪末两度遭到约翰·霍克武德攻击，因而迅速衰落，到 15 世纪变成了废墟。1786 年，屋顶塌落，钟楼也倒塌毁坏了。”

按照这个说法，圣·加尔加诺修道院从变成废墟到现在，已历经 500 多年。不愧是石造建筑，持久程度不同凡响。窗子失去玻璃，变成了墙壁上的洞；屋顶塌落，墙壁依旧悠然地屹立不倒。如果是木造建筑，应该早已腐朽，只剩地基了吧。当然，圣·加尔加诺修道院也会令人感到无常。修道院的废墟坐落于平缓山丘围绕的平原上，四面是宁静的葡萄园风光，它仿佛已被人遗忘，孤零零地伫立着。

不过，走到跟前观察后，就会发现，这里虽说没了屋顶，可四周的墙壁保存完整，有些镶嵌在窗上的纤细镂空石雕依然保持原样，因此很容易想象当年这座建筑物还在使用时的情景。站在这里，眼前甚至能够很自然地浮现出当年修士们鱼贯步入修道院，嘴里吟完祈祷词后静静离去的情景。

右页：从必须支撑屋顶的重任中得到解放的“微笑之墙”，可以窥见流云的窗户以及“蓝天屋顶”让人同时感受到晴朗与无常。

脑子里萦绕着这些思绪，静静地在废墟内部时走时停，我忽然感到整个废墟笼罩在一种不可思议的安详氛围之中。这种感觉或许也可以替换为“平安”二字。它虽然是座废墟,但是完全没有像被大炮或导弹破坏的建筑遗址那种凄惨的感觉。相反，它能让人感受到“残缺”的魅力，就像断臂维纳斯之美。尤其吸引我的是那些没有屋顶的墙壁。我无法清晰地说出是被什么所吸引，不过从感觉上来说，这些墙壁从支撑屋顶的重任里得到了解放,看上去如释重负,似乎在诉说“太棒了，终于轻松啦”。对于参观者来说，每次穿过每重墙壁时所获得的空间体验，让人不由得感到欢欣雀跃；抬头仰望可以透过窗口窥见蓝天的墙壁时，会有一种明亮开朗的印象，情不自禁想称它为“微笑之墙”。

最后，让我们回到电影的话题吧。

漫步在修道院废墟里，我脑中不停地思考一个问题，为什么塔可夫斯基导演选择这座废墟来拍摄《乡愁》的最后一幕呢？他把俄罗斯风景的镜头整个缩小，放入类似大布景的废墟墙壁中，又降下可轻易识破的人造雪。莫非，他想通过这些来表达：电影就是虚构中的虚构、梦中的梦吗？就好像俄罗斯套娃，电影情景一个套一个。莫非，这就是塔可夫斯基的电影手法？莫非，对塔可夫斯基而言，现实才是最大的虚构，而世间只是梦幻的感觉而已？这些问题在我脑中接二连三地蹦出来。不过，当然，没有人为我作答。我的身边，只有冰凉刺骨的空气，以及摇动着树梢的风声。

8
最佳客房的条件

俵屋旅馆

日本 京都市

这家老字号日式旅馆于 1704—1711 年营业，原本是石州滨田（今岛根县滨田市）绸缎批发商“俵屋”的京都分店。据说，由于该分店负责人冈崎和助擅长服务，因此招待上京的滨田藩士住宿反而成了正业。最初的建筑已在幕府末年的禁门之变（1864 年）中烧毁，如今由禁门之变后重建的两层楼本馆，以及由吉村顺三（1908—1997）设计的三层钢筋水泥结构的新馆（1965 年竣工）组成，共有客房 18 间。整个旅馆内有多个中庭、坪庭，所有房间都能享受到四季风情。旅馆内的门、窗、隔扇等物品自不必说，就连房间里的便签本都闪耀着京都匠人的精湛手艺。

竹泉之室。从这个座位可以看到另一个房间里有被炉书桌。坪庭是专为这个房间设置的，18 个房间中只有这间拥有这种专用坪庭。因为它洋溢着木造日式建筑特有的和谐气氛，很难想象它居然是钢筋水泥建造。

一说到要住日式传统旅馆，不知为何我总会有些警惕。莫不如说，那里存在一些令我感到畏惧的事物。

一抵达旅馆，就会有身着和服的女性服务员满脸堆着职业笑容，踩着小碎步来到玄关前面迎接我，这就已经让我不胜惶恐了。很快，服务员把我带到客房，而房间档次越高，室内摆设越奢华，就越令我坐立不安。

在这种情境中，若能在壁龛前端正跪坐，或是换上浴衣、披上宽袖锦袍盘腿而坐，悠然地看看庭院，就比较得体。但很不幸的是，我的身体早已适应了坐在椅子上，无论端坐还是盘坐，我都不擅长。只要端坐三分钟，我的脚就会发麻；盘坐的话，我就会上半身逐渐往后倒下，双腿逐渐往前伸，终于不成体统。坦率地说，我是个不适合住在日式房间的人。

尽管如此，因沉醉于享受日式建筑精华的愉悦感以及仿佛置身于蚕茧中的温暖舒适感，至今为止，我已在京都的俵屋旅馆住过好几次了。每次居住时，能住在知名旅馆的赶时髦心理都占据上风，令我从不曾去思考，为何俵屋有别于其他众多旅馆，也不曾去考察，俵屋在建筑方面究竟下了怎样的功夫，方能营造出那种独特的居住舒适感。而这一次，我将同时基于客人与建筑师两种视角，重新审视俵屋这家旅馆，然后选出一间令这“两者”都最满意的房间。

被炉式书桌正对庭院。晴天，阳光穿过树枝映在纸门上；雨天，雨点淅淅沥沥渗入青苔。无论哪个季节，都能享受到美好的自然。冬天，铺满雪的庭院银装素裹，让人想要喝酒赏雪，度过宁静的午后。

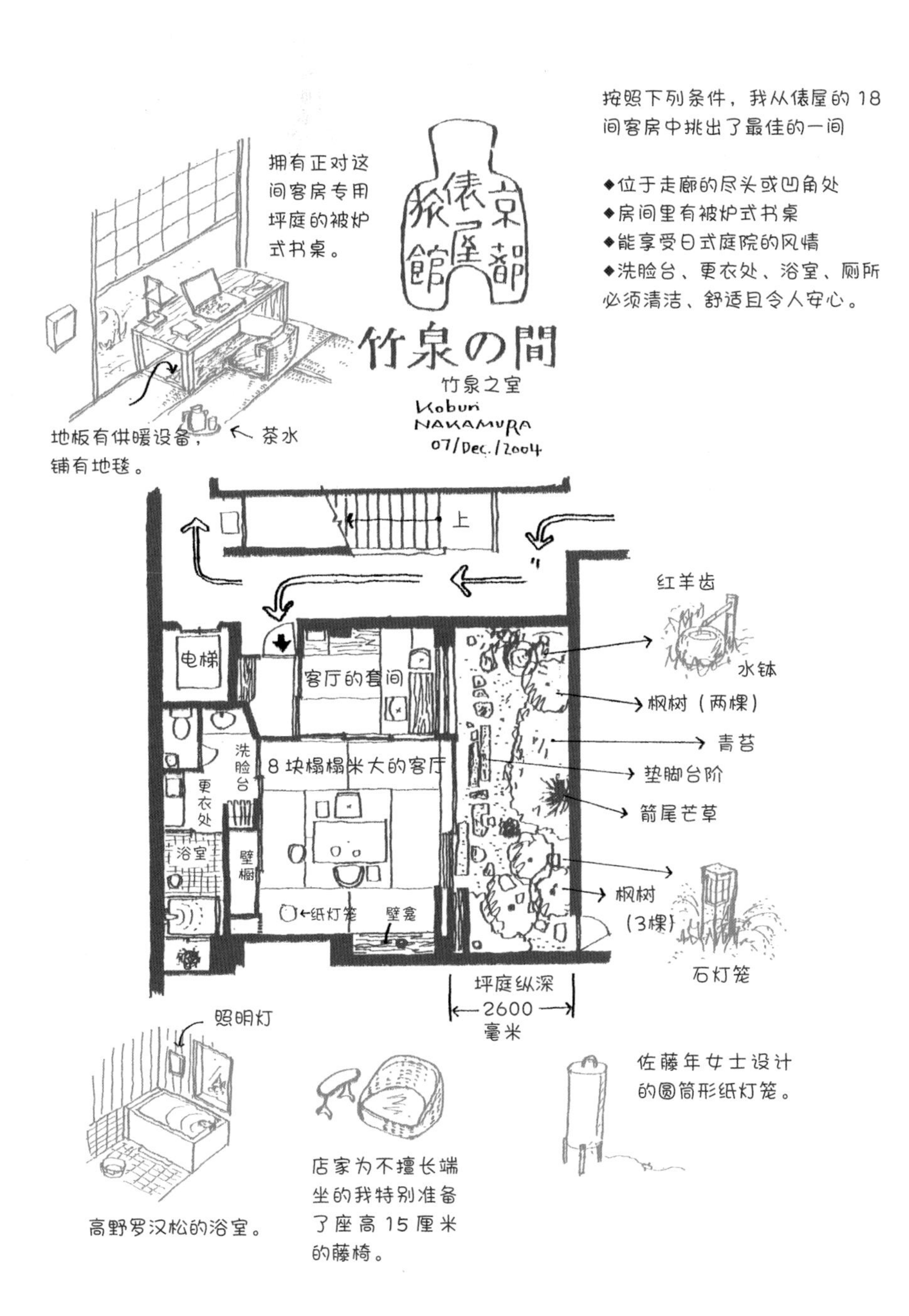
按照下列条件，我从俵屋的18间客房中挑出了最佳的一间
◆位于走廊的尽头或凹角处
◆房间里有被炉式书桌
◆能享受日式庭院的风情
◆洗脸台、更衣处、浴室、厕所必须清洁、舒适且令人安心。
拥有正对这间客房专用坪庭的被炉式书桌。
京都 俵屋 旅館
竹泉の間
竹泉之室
Koburi NAKAMURA 07/Dec./2004
地板有供暖设备，铺有地毯。
茶水
上
电梯
客厅的套间
洗脸台
更衣处
8块榻榻米大的客厅
浴室
壁橱
纸灯笼
壁龛
红羊齿
水钵
枫树（两棵）
青苔
垫脚台阶
箭尾芒草
枫树（3棵）
石灯笼
坪庭纵深
2600
毫米
照明灯
高野罗汉松的浴室。
店家为不擅长端坐的我特别准备了座高15厘米的藤椅。
佐藤年女士设计的圆筒形纸灯笼。

竹泉之室示意图

A. 休息室（LOUNGE）
B. 图书室（LIBRARY）
C. 歇脚处（BOWER）
D. 展览室（GALLERY）
E. 茶室（TEA ROOM）
F. 厄尼斯特书房
（ERNEST STUDY）

在客房外面，有一些可供住客使用的休息点布置在各处，寻找它们也是一种乐趣。

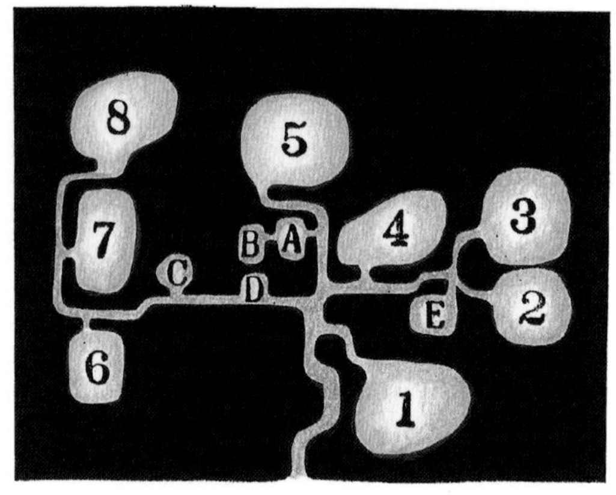

我把在俵屋内部闲逛后的整体印象画在纸上，绘制成了上图。如果有读者不理解“獾的巢穴”，那么请您一定前往俵屋住一次，亲身体验一下。

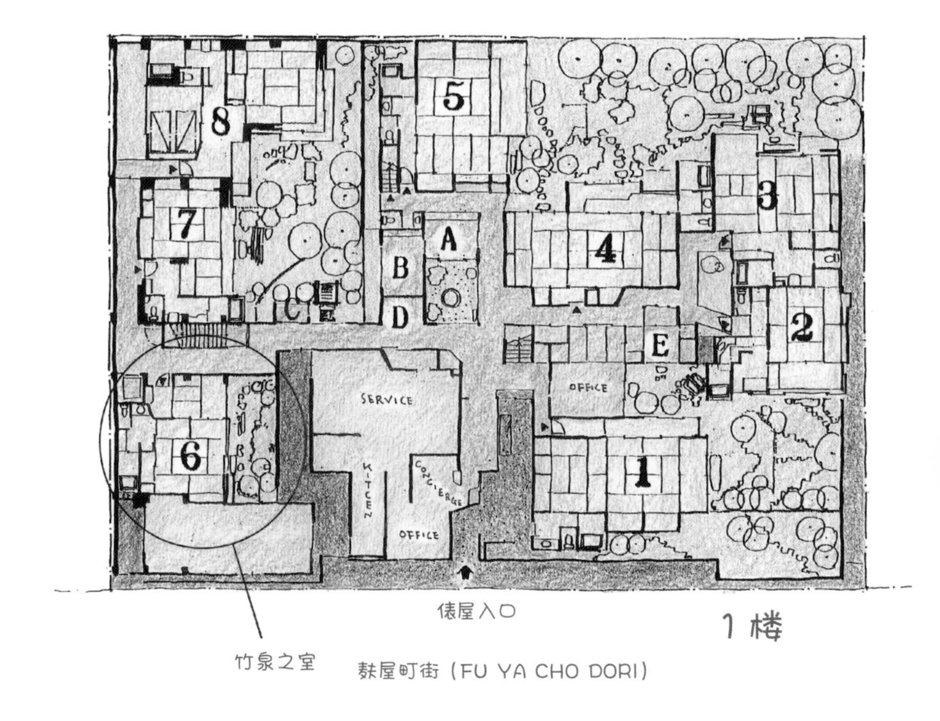

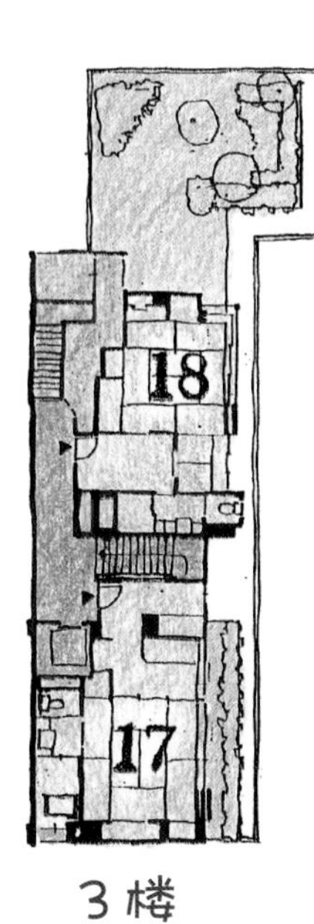

3 楼

1. 泉（IZUMI）
2. 寿（KOTOBUKI）
3. 荣（SAKAE）
4. 富士（FUJI）
5. 翠（MIDORI）
6. 竹泉（CHIKUSEN）
7. 松籁（SHORAI）
8. 晓翠（GYOSUI）
9. 东云（SHINONOME）
10. 孔雀（KUJAKU）
11. 霞（KASUMI）
12. 鹰（TAKA）
13. 桂（KATSURA）
14. 常盘（TOKIWA）
15. 枫（KAEDE）
16. 招月（SHOGETSU）
17. 栂（TOGA）
18. 茜（AKANE）

在二楼走廊转折处的“霞之室”的入口。这间客房也是我最喜欢的房间之一，当然它也有被炉式书桌。

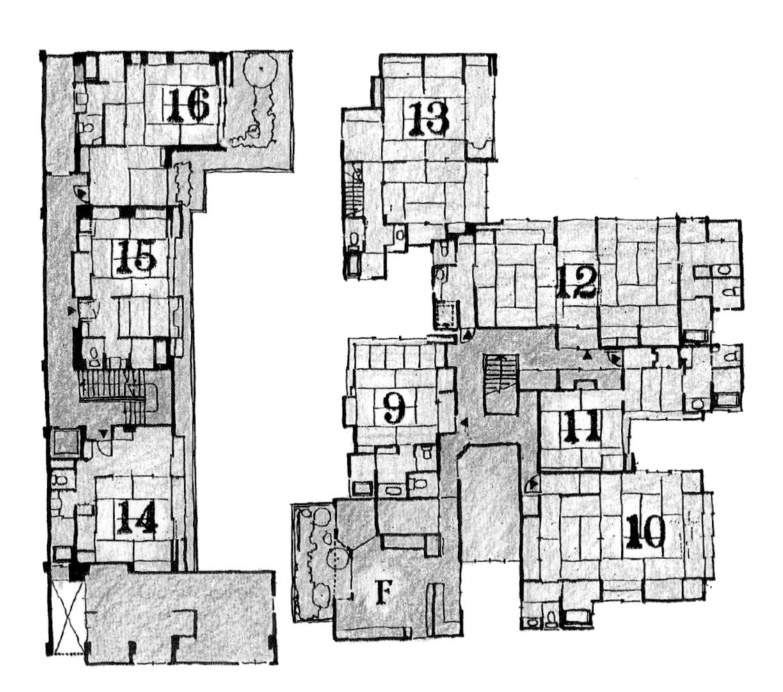

2 楼

俵屋一共拥有 18 间客房。

前些日子，女主人佐藤年女士带着我一间一间地参观了所有房间，但只凭参观就要在 18 个房间中选出 1 间，实非易事。我一边参观，一边听着年女士介绍平日需要如何保养，才能营造出含蓄的日本建筑之美和独特氛围，此外还有那些永无休止的修缮与改建工程。这些让我不禁感叹，佐藤女士为这家旅馆真是倾注了非凡的努力与感情。

佐藤女士话语之间流露出的不受固有概念拘束的“建筑审美”，令我十分感动。坦率地说，即使在建筑师看来，佐藤女士也堪称非常“能干”。加上她长年反复修缮旅馆，为此自掏腰包（很容易想象她为此投入了多少金钱），积累了许多经验。大量的施工经验和她的天赋所孕育出的，只能称之为“佐藤女士喜好”的卓越点子，被广泛运用到每个房间。自然而然，每个房间都会精彩到让客人惊叹不已。不过，令客人惊叹不已的理由还不止这一个。佐藤女士请来修缮旅馆的人，都是在茶室和数寄屋建筑领域无人能出其右的中村外二工务店的木匠、瓦匠、门窗隔扇工匠、裱糊工、日式房屋清洗工（世上还有这些工种，您听说过吗？）……无论哪一项工作，都由手艺最棒的师傅全力以赴地完成，他们精彩的工作成果让我叹为观止。

在佐藤女士带我参观的那天，到最后我也没能选出一间最佳客房，只好要来绘制有每个房间布局的整体平面图，当作业带回家了。

看着制作精良的建筑图纸，一边在脑海中描绘图像，一边分析建筑，以自己的方式进行解读，这是建筑师独有的乐趣。这就好像围棋爱好者读棋谱。我在看俵屋的图纸时，发现了许多参观时没有注意到的细节，因而兴趣盎然。我把带回来的平面图按自己的方式画了一遍，把走廊、房间、庭院分别涂上不同颜色，盯着看了许久后，首先发现的是，几乎所有房间都位于迷宫似的走廊尽头。它不同于酒店那种所有房间沿着半边走廊和中间走廊一字排开的简单格局，而是经过巧妙安排，使得客房均分布于走廊的尽头或建筑中称为“凹角”的角落里。在曲折的走廊尽头，有一个能感受到人性温暖的房间等候在那儿，这让我联想到动物獾的巢穴。獾一边挖掘隧道一边前进，在隧道尽头挖一个能容身的椭圆形洞穴，并将其布置成绝妙的居所。把这家知名旅馆比作獾的巢穴实在非常失礼，但是俵屋的客房的确带给人一种独特的舒适感，就像住在小动物的巢穴里一样。因此，我选择最佳客房的重要条件，首先便是和谐与安心感，然后是能营造宁静气氛的“尽头的房间”或者是“凹角的房间”。

位于二楼走廊最尽头处的厄尼斯特书房。这个让我着迷的顶楼小房间，气氛绝佳。让我惊讶的是，窗前精心打理的茂密植物，其实栽植在屋顶上。

在前往客房的室内走廊上，俵屋还为客人准备了几个公用空间。这个旅馆没有类似酒店大堂的空间，取而代之的是一些让人心动的小空间，静静地等待着客人。例如，有一个叫作“lounge”的小休息室，非常适合几个人亲密谈心；再往里走，有一个图书室，书架上放满了画集和美术书籍，让我想到蚕茧的内部。

此外，还有设在角落、销售俵屋独家商品的商店；走廊的一部分向庭院一方突出，称为“庭座”，可以眺望庭院放松身心……总之，客人即便走在通往客房的路上，也会不由自主地被这些空间吸引，忍不住驻足停留。

写到这里，趁着还没忘，我必须介绍一个叫作“厄尼斯特书房”的房间。这个房间摆放着佐藤女士的亡夫——摄影家厄尼斯特·佐藤先生的书和收藏品，就像一个纪念馆。正如其名，这间房既可供客人当书房用，也可以用来上网，每天傍晚起开放。这个书房并非位于走廊的中间位置，而是位于二楼走廊的尽头，是一个货真价实、巢穴气息十足、超级舒适的阁楼小房间。房内有一张坐上去十分舒适的丹麦制造的椅子，人一旦坐上去，就会不想起身，因此，如果要去这个房间，可一定要提前做好长时间待在里面的准备。

话题有点绕远了，让我们回到正题，来选房间吧！终于要谈到客房内部的条件了。开篇我提到了“坐立不安”，换句话说，就是要有一个自己习惯的居所。俵屋的每间客房，都准备了能让客人舒适坐立的地方。像我这样不擅长端坐和盘腿的人，就会被有被炉式书桌的房间吸引（俵屋有 8 个这样的房间）。如果书桌前面有个精心打理过的迷你庭院，那就更加无可挑剔了。滴落在水盆的微弱水声、穿过树枝映在纸门上的阳光……日本传统建筑必须有庭院方可成立，而这些精心设计、用心打理的庭院，充分让人感受到俵屋（也就是佐藤女士）非同一般的讲究与用心。我不能在此详写俵屋的庭院，以后我一定会再写一篇文章，好好描述客房和庭院之间的美妙互动关系。

如果客人能住在这样的房间，看看庭院，读读书，发发呆，哪怕去逛外面附近的热闹街道也会觉得麻烦，而懒得出门。是的，让人不想外出，不知为何就是想待在房间里，这或许也是选择客房时的重要条件。旅馆和饭店不应只是供客人短暂逗留的地方，也应该是能让人长期居住的地方。

最后，对旅馆和饭店而言，最重要的是洗脸台、浴室、厕所等有水的地方要干净而舒适。旅客投宿除了意在安睡之外，还希望能安心泡澡，无所顾忌地使用厕所。由于这里是旅客身心都不设防的地方，因此旅馆以求万全的精神营造出来的“安全”“安心”“舒适”，本身就是对客人的款待。用高野罗汉松制成的浴槽里装着满满的热水，清洁的浴巾和睡袍，洗脸台上整齐排列各种特制的洗漱用品等，这些是俵屋所有客房都具备的，因此客人无须特意指定“某某房间”。

我将自己选择最佳客房的条件整理如下：

1. 位于走廊尽头或者凹角；

2. 房间里有被炉式的书桌；

3. 能眺望有风情的日式庭院；

4. 洗脸台、更衣室、浴室、厕所等清洁、舒适且令人安心。

接下来，我想推举一间完全符合上述条件的客房，它就是位于旅馆北侧、三层钢筋水泥结构的新馆一楼的“竹泉之室”。该新馆由吉村顺三设计，因巧妙融合了西式和日式风格而闻名于世。尽管该馆建成至今已历经四十余年，里面几乎所有房间都经历过修缮，但建筑爱好者还是能够从空间架构等方面随处找到吉村顺三的影子。其实，为了写这篇文章，我从前天起就住在“竹泉之室”了。几周前来参观时看到的那个保养好得令我感动的高野罗汉松浴槽，已经换成有清爽木头香味的白木新浴槽了。这里的浴槽每 7 ～ 10 年更换一次，这个绝妙的时机正好让我赶上了。不禁让我觉得，这真是上天赐给我的一大奖励。

9
收藏家的宅邸

约翰·索恩爵士博物馆

| 设计 | **约翰·索恩爵士**

1824 年 英国 伦敦

建筑师约翰·索恩爵士（Sir John Soane，1753—1837）曾经居住的，位于伦敦市中心的宅邸。从古希腊、古罗马的建材到霍加斯（1697—1764）、透纳（1775—1851）等人的绘画，在他用当资料收集来的各种物品填满了住宅时，他把相邻的两栋房子也买了下来，并扩建成一个可以放置众多藏品的生活空间。约翰·索恩生于英国伯克郡一个泥瓦匠之家，在皇家学院学习建筑，留下了许多新古典主义的作品，例如达利奇美术馆、英格兰银行总行等。这座堪称其建筑代表作的宅邸，在他去世后作为美术馆被捐赠给了国家。

光线从天窗射入挑高的空间。古罗马雕刻的残缺品等密密麻麻地装饰着，浮在中间的白色约翰·索恩雕像，由他的朋友弗朗西斯·钱特里（1781—1841）制作。

索恩的工作室。我们可以了解，这些收藏品不单纯是为了收藏，还被用作思考建筑的教材。

约翰·索恩爵士博物馆位于伦敦市内的林肯因河广场。该博物馆原本是设计了英格兰银行总行等建筑的建筑大师约翰·索恩生前的宅邸。约翰·索恩生前在此居住，并摆放过他精心收集的庞大收藏品。收集藏品时，约翰·索恩一定有自己的标准。然而，一进入博物馆，人们便会被扑面而来的情景所震撼：各种不同时代，不同样式，不同出处的绘画、雕刻品和工艺品，被密密麻麻地摆放在墙壁、架子、地板、天花板等所有一切能放东西的地方。与其说它是博物馆，倒不如说它更像古董商店。踏入充满浓郁氛围的室内，一件一件地欣赏藏品时，我已经无暇考虑这些收藏品的由来与价值。因为这些藏品反映出收藏者强烈的执着之心，让人无法静下来心来欣赏。由于收藏品数量过多，只能给人留下一个博物馆整体的大致印象，而记不住单个展品自身的独特价值和意义。有这种感想的，我想应该不只我一个。

在参观博物馆的过程中，我脑海中忽然浮现出另外两位建筑师的宅邸。他们就是 20 世纪美国的代表性建筑师查尔斯·摩尔和菲利普·约翰逊（1906—2005）。

我曾在美国的建筑杂志上偶然看到查尔斯·摩尔自家住宅的照片，被那奇特的室内设计吓了一跳。那是我大学毕业，刚进一家小设计事务所工作时的事了。查尔斯·摩尔因设计那栋名为“海洋牧场”的休闲公寓大厦闻名于世，我在学生时代就从心底迷上了“海洋牧场”，但万万没想到，同一建筑师的自家住宅居然如此奇异。摩尔的家位于美国康涅狄格州埃赛克斯，在一栋维多利亚风格的旧建筑上改建而成，内部布置了一个摩尔称之为“巨大家具”的，不知应算作家具还是装饰物的，包括楼梯间在内的空间设施（请想象巨大的游戏道具），乍看上去像幼儿园的游戏房。室内洋溢着愉快的节日气氛，让人感到非常快乐，可同时也让人替主人担心，住在这样的家里，还能平静地（或者说正经地）好好过日子吗？

其中尤其令我大吃一惊的是二楼的起居室和卧室。里面放着一座用三合板造的，高到天花板，涂成西瓜红颜色的金字塔。金字塔被切掉一部分，里面安装了形状像蚂蚁窝的架子。架子上摆放着数量庞大的、摩尔引以为傲的玩具。按照摩尔的解释，有种说法认为，把头放在金字塔顶点的正下方位置睡觉，就可以获得特别的灵感，因此他在家里进行这个实验。他的床就摆在西瓜红的玩具架下面，睡上去时头正好在金字塔顶的正下方。当时，摩尔应该正担任耶鲁大学建筑学院院长，但他看上去实在不符合他的身份，倒更像个淘气的大孩子。当然，摩尔具有非凡的才智以及精深的建筑造诣，这点毫无疑问，不过，他可能同时兼具天真与快活的疯狂吧。

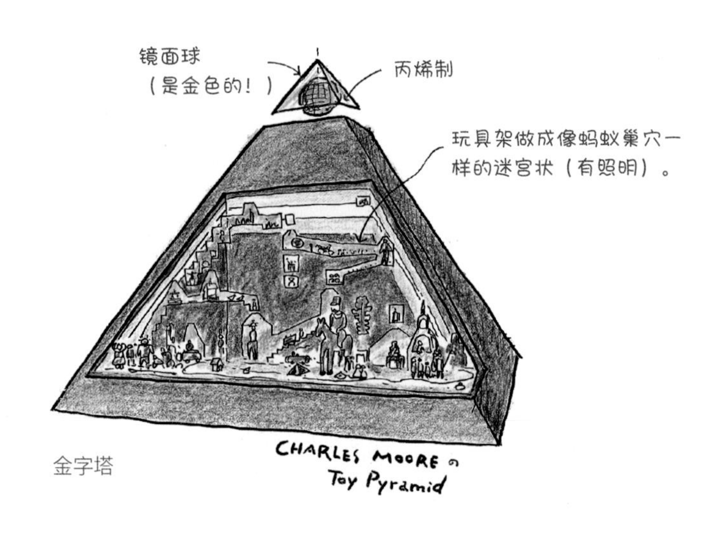

金字塔

绘画室。对开式的门板正反面挂着霍加斯、皮拉内西（1720—1778）以及索恩自己的画。窗边的希腊女神像脚下，摆着索恩的代表作——英格兰银行总行的正面模型。

摩尔是个长着一脸大胡子的壮汉，终身未娶，近乎偏执地喜爱收藏玩具和人偶……所以，旁人怎么看，都会觉得这是个“有点怪的人”。

看到摩尔家的照片之后大约过了 20 年，我得到一个机会，住到了“海洋牧场”公寓中的“摩尔单元”（摩尔的另一个家）。那时我已经知道摩尔热衷收藏人偶和玩具，所以当我看到公寓里到处小心摆放着人偶和玩具收藏品时，并没有感到惊讶。不仅没有惊讶，我还对每个收藏品都看得入神，非常享受。我深切体会到：“收藏家就是这样把搜集来的每件藏品都充满怜爱地摆放出来，欣赏它们，自得其乐的啊”。

查尔斯·摩尔当然非常熟悉索恩爵士博物馆，还从建筑的角度给予了很高的评价。他对这个博物馆曾评论如下（查尔斯·摩尔、唐林·林登、杰洛德·艾伦合著《住宅和其世界》（*The Place of Houses*）：

“这个住宅和其藏品之间，存在无法割裂的关系。传统式的房间，一间间填满了绘画和陈列品，这显示着建筑师索恩的浪漫主义特点。他极度沉浸于古典的传统和规则之中，同时又完全独创地、合理而奔放地去陈列展品、营造出空间。他所具有的是身为收藏家的热情。就像享受光与影营造出的神秘效果一样，在拥有不同意义的物品的并置与集合中感受喜悦。他的热情如此剧烈，凭以往关于空间设计上的平庸前例与固定不变的构成是无法抑制的。”

“合理而奔放地去陈列展品、营造出空间”，我总觉得摩尔这句话是在说他自己，因此不禁莞尔。因为摩尔与索恩是同道中人，所以对于那种微妙差异，摩尔自然是一目了然，心知肚明。

前面我提到，索恩爵士博物馆的展品过多，范围过于庞杂，因此让参观者无法逐个仔细欣赏。我并不了解这些收藏品究竟水准如何，总之留给我一种玉石混杂的整体印象。索恩似乎本来就不打算只搜集名作，这些展品与其说是出于向别人展示的目的，倒不如说是为索恩在做建筑设计时提供参考之用，带有参考资料的属性。

在我看来，比起展品，这个博物馆的建筑本身才是最大的看点。索恩最初买下了位于该路 12 号，从马路一侧看最左边的房子进行重建，后来又买下隔壁的 13 号并重建，而后又买下 14 号，经过一番彻底整修之后，形成了今天我们所看到的样子。可以说，索恩的收藏家本性让他收集了这些土地和建筑，收集了房间与空间，并使之成为他藏品的展示空间。

这个博物馆必然会让参观者发出惊叹的地方，就是它的绘画展览室。馆员以英式的郑重姿态，把手放在挂着画作的壁面上，使劲向前拉，伴随着吱呀吱呀的声音，壁面像剥落似地被翻开，现出后面又一片挂着画作的壁面。看上去像壁面，其实是门板，而画作则挂在门板的两侧。这个构思说来也不算新颖，教堂的祭坛画（例如陈列在比利时根特的凡·爱克兄弟所画的《根特祭坛画》）就常用这种方法陈列，只不过，索恩爵士博物馆有个独特之处，即采用多扇门板重叠的方式，这样不仅不占地方，还能多挂许多画作。

一片片地打开挂满画作的对开式门板，就好像在翻动竖立的大型画册一样，让人充满期待与惊喜。集收藏和展示于一身，这是这种设计最了不起的地方。然而比起这高效而合理的一面，它还有一个如秘密仪式般的设计挑动人们心弦。在翻完左右共计四片门板后，映入人们眼帘的是，一扇外面有挑高的窗户，微弱的光线从突然出现的窗户口照射进来，似乎在暗示，索恩为参观者布置的梦境并未结束，而是向着远方在不断延续。

我脑海里浮现出建筑师菲利普·约翰逊的家，就是在看着馆员操作绘画展示门板的时候。我忽然注意到：约翰逊先生在康涅狄格州纽卡纳安一片宽广的土地上，花费半个世纪建造了包括有名的“玻璃屋”在内的 9 个建筑物，创造出了可谓“建筑博物馆”的建筑群，其中之一用来展示他所收集的现代绘画，名为绘画陈列馆。而他的绘画展示方式，原来源自索恩爵士博物馆绘画室的门

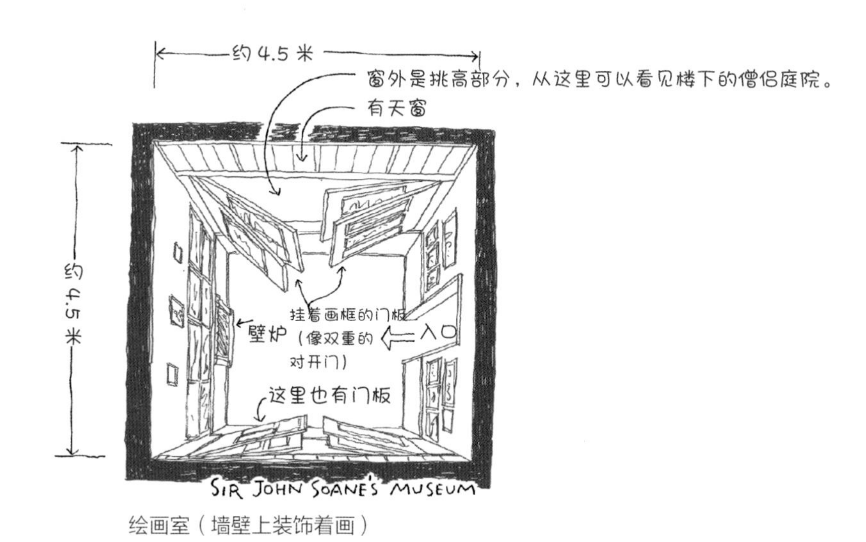

绘画室（墙壁上装饰着画）

板。只不过，索恩将之做成窗户外的门板，约翰逊则将之进一步升华，做成了可活动的墙壁。虽然在壁面内外两侧悬挂画作这一点上相同，但后者将所有的墙壁做成手动式，还可以大角度旋转，这种设计的确出人意料。绘画陈列馆设计成有四片叶子的四叶草形状，其中三片用于展示和收纳绘画。这种解决方案，应该是约翰逊把索恩的设计更优雅、更有力地升华后的结晶。想到这个例子，我猜想，约翰逊这种带有游戏味道的个性，是否多少也受到了约翰·索恩的影响。接着我又联想到，约翰逊在完成“玻璃屋”之后马上建了一栋客房，里面的浅圆屋顶明显是在模仿约翰·索恩的早餐室。

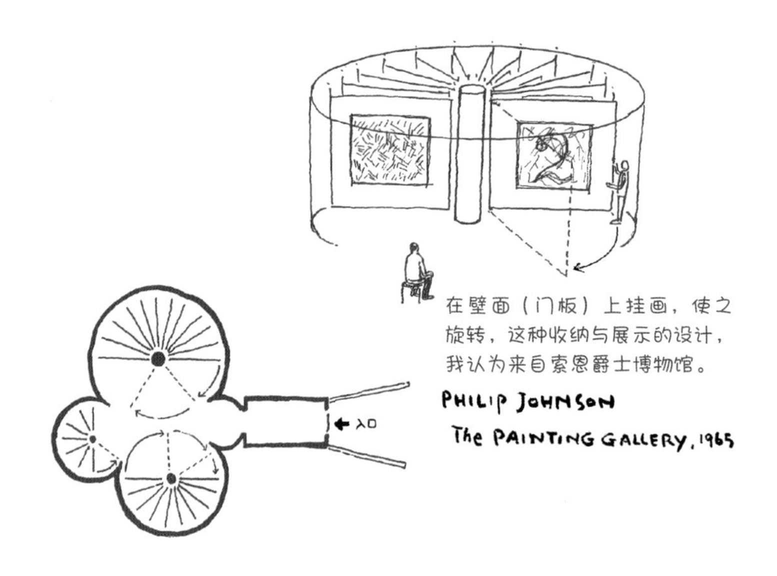

从伦敦回国之后，我在与一位研究现代建筑史的朋友聊天时才知道，原来研究者之间早就有了定论，认为约翰·索恩((John Soane)和菲利普·约翰逊(Philip Johnson) 两人之间存在联系。朋友告诉我，喜欢玩文字游戏的菲利普·约翰逊，把自己的姓氏“约翰逊（Johnson）”都跟“约翰·索恩（John Soane）”攀上关系，就像这样的例子在两人之间还存在不少。

我这次参观索恩爵士博物馆的最大收获，就是发现，无论是查尔斯·摩尔，还是菲利普·约翰逊，在其“艺术思想脉络”的根部，似乎都与约翰·索恩相连。虽然我没能向读者朋友们详细介绍约翰·索恩这位建筑师和他的博物馆，但俗话说“百闻不如一见”，各位读者，您如果去伦敦，可一定要去看看这个收藏家的宅邸。

10
50 年后建筑师的幸福

“住宅案例研究”一号

｜设计｜**朱利叶斯·拉尔夫·戴维森**

1948 年 美国 加利福尼亚州 洛杉矶

“住宅案例研究”是 1945 年洛杉矶的建筑杂志《艺术与建筑》为征求“新居住方式”而策划的实验住宅项目。到 1966 年为止，各类建筑师一共设计了 36 个项目，其中 26 个得以建成。第一个项目的设计者朱利叶斯·拉尔夫·戴维森（Julius Ralph Davidson，1889—1977），出生于德国柏林，起初是制图工，后来在伦敦从事船只内部装修设计，于 1923 年前往美国。他的设计范围很广，从饭店的家具、照明到电影的布景。他还设计了作家托马斯·曼的家。

“住宅案例研究”一号的庭院外观，显示了“住宅案例研究”的典型特征——屋顶扁平、盒状的平房建筑。虽然历经半个多世纪，但房子看上去一点都不过时，也没有老旧的迹象，这实在令人惊叹。

我每周去某所大学教一次课，担任的是建筑工程系大四学生的课题研讨课。这门课不是由老师来授课，而是老师和想凭有意义的研究来完成学业的学生一起决定题目，并共同学习的一种讨论课。对我这个每天因各种日常工作和杂务忙得团团转的人来说，这是个难得的放松兼学习的机会。

2003 年，我们的研究课题是“住宅案例研究”（Case Study House）。这是从 20 世纪 40 年代后期到 20 世纪 60 年代，以洛杉矶为中心掀起的一场安静的住宅风潮。“住宅案例研究”（以下简称“CSH”）这个名字大家可能没怎么听过。简单地说，它就是“面向核心家庭，提出新居住方式方案的实验性住宅”，由当时备受欢迎的艺术及建筑类专业杂志《艺术和建筑》（*Arts & Architecture*）策划，面向普通人群，大幅提高了人们对新住宅风格的关注度。

这个计划是一种崭新的尝试，由新锐建筑师们在杂志上发表住宅设计方案，从读者中征集中意这个方案的人并实际去建造，建成后让应征者入住。也就是说，杂志这个媒介担任了建筑师（更准确地说，是建筑师的设计方案）和应征者之间的中介角色。由于这个策划面向的是比较年轻的群体，自然必须是低成本的住宅。

照片的前面是餐厅。后面的起居室原本是室外空间，改建时纳入了室内。据说为了还原最初的模样，主人购买了与刚建成时照片上相同的家具。

杂志总编兼发行人约翰·伊坦斯先生非常能干，为了实现住宅低成本，他联系建材制造商、住宅相关物品制造商等，请他们赞助建材物品，而对这些赞助厂商的回报，便是在杂志上为他们宣传。可见他还具备巧妙运营大众传播的才能。

1945 年，《艺术和建筑》杂志开始刊登这个项目。它在战后经济恢复政策下的建设风潮中发挥了重要作用，这一点不可忘记。该策划一直持续到 1966 年，在此期间一共发布了 36 个方案，实际建设完成的有 26 个。“CSH”按照规划的顺序命名，例如“CSH” 一号、“CSH”二号，依次顺延。在实际完成的住宅中，包括 1949 年完成的“CSH”八号（查尔斯·伊姆斯的自家住宅）等在内，有许多杰作名列 20 世纪住宅史。

我在与学生们一起博览相关书籍、制作房屋平面布局模型以及分析空间构成的过程中，逐渐产生了想去当地考察、想亲眼看到这些住宅、想走进去转转的想法，并且该想法日益强烈。幸运的是，我有一位建筑师朋友——田中玄先生住在洛杉矶，“CSH”自不必说，他对于洛杉矶所有的独户住宅和住宅群都非常关注，借他住在当地的优势，只要有机会他就会积极地到那些地方参观走动。暑假结束后，

这张住宅布局图让我再次认识到，能够“传承下去”的住宅布局，其精髓在于“恰到好处”。对于设计者来说，要实现“做与不做”恰到好处，实在是件难事。

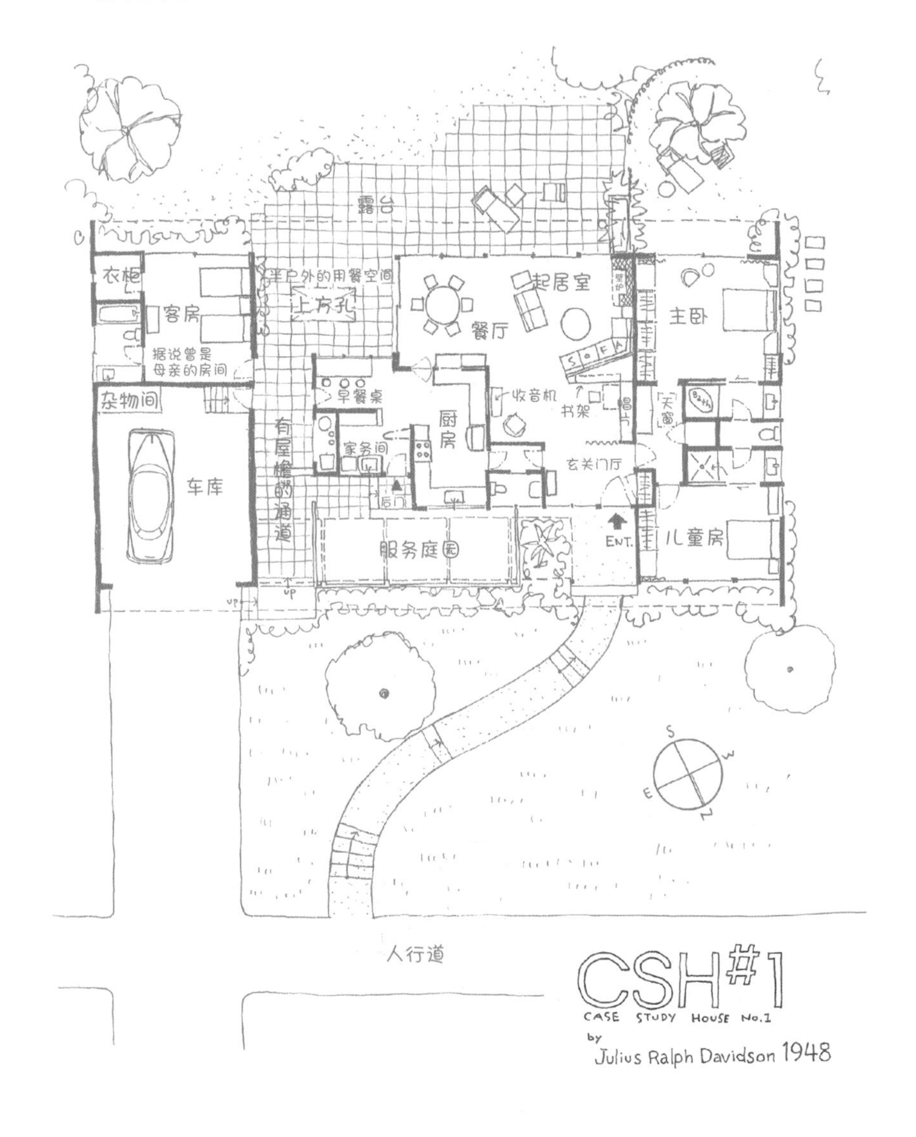

1948 年“CSH” 一号平面图

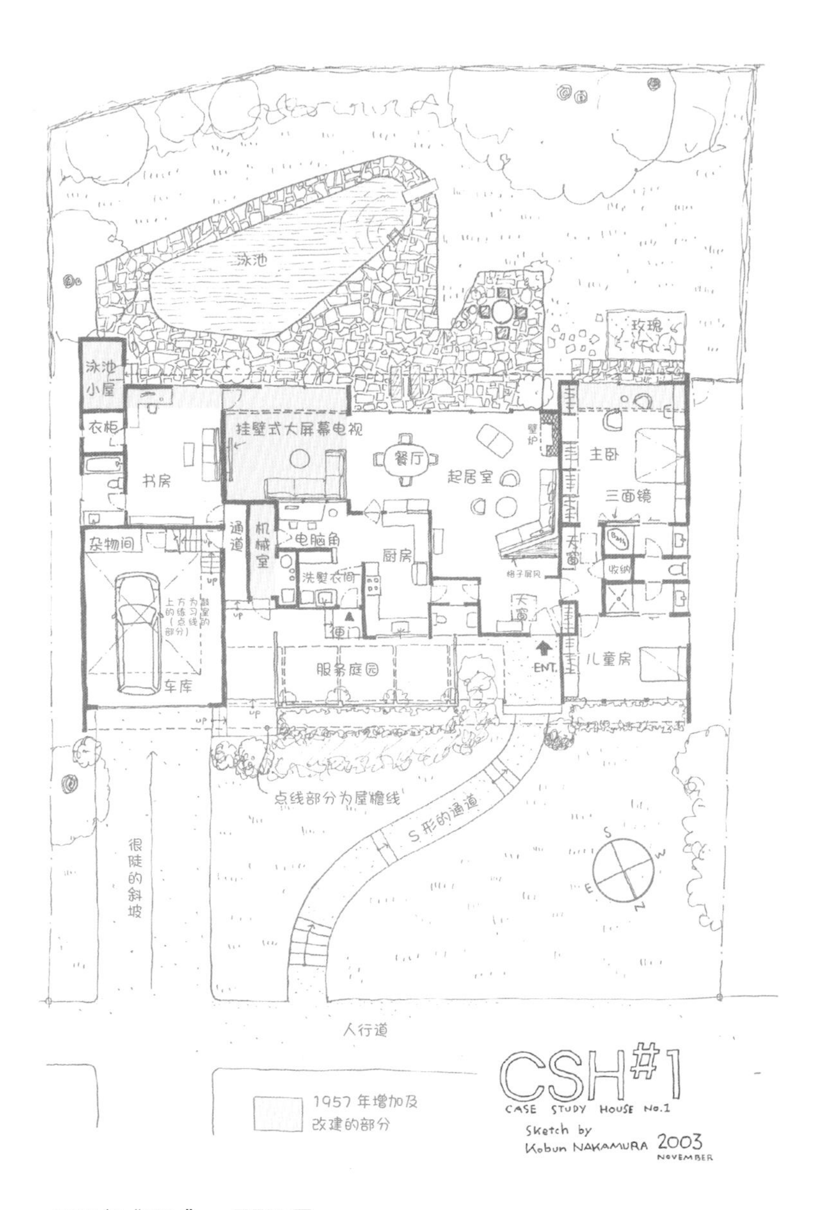

2003年“CSH” 一号平面图

充足的服务空间尤其令我感动。从面向后院的后门，穿过宽敞的家务间，通到厨房的这一片空间，面积与起居室差不多大。

我和田中先生取得了联系，把申请参观等所有的协调事宜全部委托给他。多亏田中先生的周到安排和翻译，我们这次参观旅行获得的成果远超预期。我们参观了6座“CSH”，它们目前依然状态良好，并且有人居住；还参观了20世纪40年代末到20世纪60年代初建成的18栋住宅。我们连住宅内部都进行了详细观察，并拍照、实测，最后心满意足地回到了日本。

我们所参观访问的所有住宅都已经有四五十年的历史了，可是令我吃惊的是，这些住宅经过了半世纪的洗礼，却一点也没有变旧或过时，倒像刚建好不久的新家一样，到处都陈设得很漂亮，整理得有条不紊。说是“刚建好不久的新家”绝对不夸张。因为是半世纪以前的住宅，总会让人感到有怀旧感、有年代、有味道，即便是美国西海岸的住宅，也应该带一点闲寂或古雅的情调吧。然而，就像被彻底冲洗过一样，完全没有上述的沉重氛围。这些房间的每个角落都布满了加利福尼亚州明亮的自然光，清风送爽、端端正正，看上去住起来会很舒适。这些住宅依旧被使用着，温暖又祥和地守护着居住者的生活，令人神往。

还有一件令我感激和感动的事情，那就是，不论是哪个接受访问的家庭，住在里边的人都满面笑容（美国式笑容）地欢迎我们进屋，不但热心地为我们讲述有关房屋的历史和故事，还跟我们说：“各位，请自由参观，什么地方都可以。可以照相，请便，请便。”从日本来的十几人团队就像调查团一样，抱着资料，拿着摄影机、素描簿、皮卷尺蜂拥而入，仿佛在做现场勘察，大家一边巡视房间，一边照相，还有人录影。其他地方应该不会允许这样子的，这一点上，他们真是大方。

再者，一般人家中，总有像卧室、储藏室等不太愿意让人看的地方，可是在这里却完全没有，“任何地方都可以参观，请自便！”说完这句话之后，为了减少我们的顾虑，他们还会开朗地补充一句：“这是我的荣幸！”

如果要把我在那些住宅中所看、所念、所感、所想全部写下，那就没完没了了。我还是先介绍“CSH”项目的第一个住宅——“CSH”一号吧！

“CSH”一号位于北好莱坞一个幽静的住宅区。这个住宅的设计者是朱利叶斯·拉尔夫·戴维森，他在“CSH”项目开始的1945年发表了“CSH”一号的最初设计方案，当时两层建筑的方案并没有实现。3年后的1948年，他做了一些改动，把起初的设计改成平房，按照这个方案，房子实际建了出来。请读者从这里开始，一边参照平面图（参见108、109页）一边阅读我的解说，这样会比较容易理解。我根据平面图粗略算了下面积，住宅部分约152平方米，车库和客房部分约73平方米，在美国西海岸的住宅里不算大。第一任房主乔治·巴布金医师和他的家人或许觉得有点拥挤，所以在1957年，也就是建成正好10年之时，巴布金又请来戴维森做了一次大规模的扩建设计，包括新建一个书房、扩大主卧面积、加高车库屋顶等。关于这次扩建，也是在我实地拜访之后才了解到的。扩建完成后，巴布金一家一直在此居住。直到1997年，房子卖给了现在的居住者尼尔森一家。多娜·尼尔森女士还把从尼尔森先生购入这栋有历史的住宅之后发生的许多插曲讲给我们听。那些故事在我这个将住宅设计作为一生职业的人听来趣味无穷。我简要地介绍一下吧。

“这栋房子是通过不动产中介偶然得知并买下的。我的丈夫是美国人，我是匈牙利人，我俩都不知道这栋房子是有历史的住宅，也没听过‘CSH’。甚至连中介都不知道。直到有一次，前屋主巴布金先生的女儿、从事室内设计的珍妮特女士，带了一个摄影师过来，告诉我们房子的由来，我们这才吃惊地了解到，原来这栋房子在建筑史上那么有价值。在此之前，我的先生一直住在普通的房子里，他也是第一次住进如此精心设计的房子。我11岁前生活在南斯拉夫，这个房子正是我小时候想象并憧憬过的‘美式住宅’。再后来，珍妮特女士寄来一封内容详尽、饱含真情的信件，包括这房子刚建起时内部的照片、扩建时戴维森寄来的信、可以买到有关这房子和‘CSH项目’书籍的建筑专业书店以及可以阅览原始图纸的图书馆的介绍等。原本对房子的历史一无所知的我们，住得越久越被这房子吸引，逐渐地爱上了这个家。随后，我们决定一方面结合自己的生活方式，另一方面尽可能地将房屋的装饰和陈设恢复如初。我们查阅旧书籍和资料，并收集当时的照片，连家具和椅子面的布料都忠实复原，这些事情已成为我们家无可取代的乐趣，成为我们生命的价值……”

是段佳话吧？

非常可惜的是，我无法通过文字来再现多娜女士说话时那生动的表情和热切的语气。

仔细听完多娜女士的讲述，我在她家里“自由地”到处参观，每个细节都认真观察，并一直在思考，为什么这栋半世纪前建造的住宅，至今依然能够发挥功能，供人们居住，并且一点也没有变旧与逊色。最后得出一个非常平常的结论，就是房的布局非常合理，在设计时没有放过任何细节，完全考虑到了人们在此长年累月居住时的所有需求。例如，室内的动线设计得非常周到，这是参观时最先打动我的地方。尤其值得一提的是为其家人活动所设计的动线，家里人能穿着家居服从后门进入房子，穿过家务间，经过厨房到达餐厅和起居室。房子还设计了一条可以从厨房直通玄关的动线（如果主人在厨房忙碌时来了客人，主人可以马上到达玄关迎接）。此外，通常设计房屋时，像玄关、厨房这种接待空间往往被削减、压缩，但设计师戴维森却很慷慨地给予它们与起居室差不多大的面积。这栋住宅已经使用了半个世纪，今后也能够继续使用，使之成为可能的，必然是由于房间布局“潜力深厚”。这栋房子还拥有尽管实力非凡，却并不露声色的高尚品格。设计师戴维森想必也有着关于“住宅应当这样”的信念或主张，但是他从未大声说出来过。环顾房子的内外各处，静下心来侧耳倾听，就可以听到耳边传来低声幽静的声音，这是普通百姓对日常生活的敬爱与共鸣之语啊。

下面介绍珍妮特女士写给尼尔森夫妇信中的一段话。原主人的这封信，连同这栋 50 年前建成的房子一起传到下一任住户手中。这无论对住宅来说，还是对建筑师而言，还能有比这更幸福的事吗？从事相同职业的我在心中小声惊叹：“建筑师的幸福，不正是如此吗？”并暗自发出了羡慕的感叹声。

那段话这样写道：

“请您和您的家人以自己的居住方式，充分享受住在这个家的乐趣，就像我们一家人曾经在此度过的那样。希望这个家能够成为对您与爱人和孩子而言无可替代的家。此外，我衷心祈望，这栋住宅在建筑历史上的重要地位以及简朴的建筑之美对您一家人来说是美好并且有价值的。

“CSH”一号的设计者戴维森总共设计了三栋“CSH”。其中的“CSH”十一号和“CSH”一号比较起来，建筑面积差不多小了两圈，对我这个平时较多设计小型住宅的人而言，它让我备感亲切和喜爱。前面也曾说过，“CSH”的编号是按设计出来的先后次序排列，但并不是按照号码先后兴建的。“CSH”一号因为改变建筑用地和修改设计方案等原因，实际施工比原计划晚了一段时间，而“CSH”十一号则在 1946 年就建成了，比“CSH”一号还早两年。所以“CSH”十一号是“CSH”计划中值得纪念的第一栋住宅。

开始研究“CSH”之后，我从设计者和生活者的两个角度，仔细地研究了每栋住宅的房间布局。我完全为“CSH”十一号的布局所倾倒，这种布局体现出来的是对普通百姓日常生活的喜爱和照料。

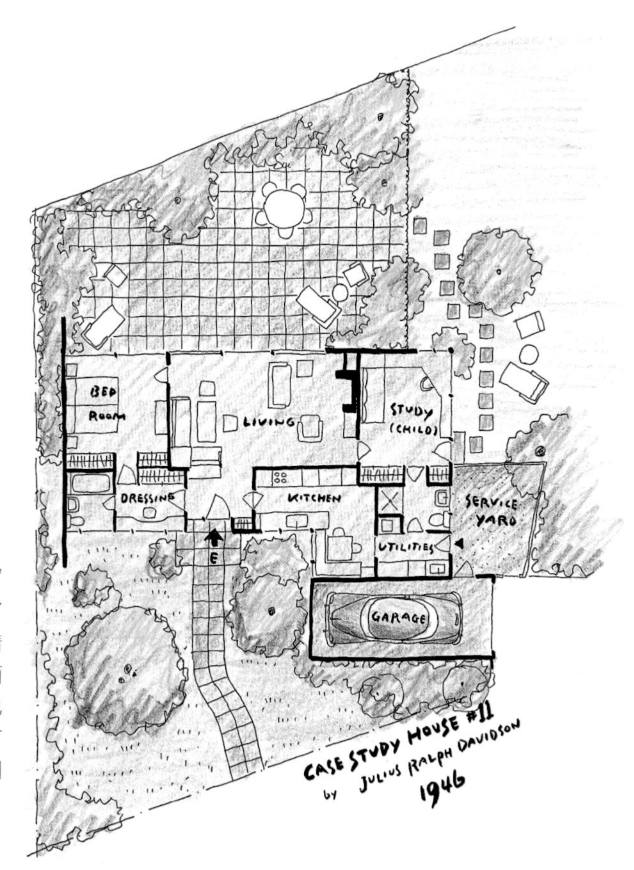

同为戴维森设计的“CSH”十一号平面图。简单明了的设计方案让我十分着迷。即便现在按照该平面图修建一栋房子，应该也会住得舒心而方便。只可惜，这栋房子未能保存到今天。

说起“CSH 项目”，由皮耶尔·康宁（Pierre Koenig，1925—2004）设计、位于能够一览无遗地遥望洛杉矶市街道和太平洋的高地、使用钢铁和玻璃建造的“CSH”二十一号，以及查尔斯·伊姆斯夫妻那如同巨大玩具箱一样的自家住宅“CSH”八号，它们的知名度非常高（这些都是典型的实验性住宅），是人们谈论最多的焦点。“CSH”十一号并不属于如此风靡一时的话题作品，也不算能够代表 20 世纪的住宅杰作，但就像看电影一样，比起主角的经典演绎，我会更关注处于放松状态的配角的演技，所以或许十一号更适合我的口味。总之，我对“CSH”十一号方案“一见钟情”。可惜的是，该栋住宅没能保存到现在，只留下了它的设计方案，清晰地印到了我的脑海中。写到这里，您大概会问：“它到底什么地方这么吸引你？”如果真被这样问到，那就麻烦了。因为要回答的话，我就不得不重复一遍“CSH”一号让我感动的地方了。

不过，我还是要再写一遍，而且非写不可。

“CSH”十一号令我倾倒的地方在于，它为居住者的家庭设计了鲜明的动线，以及它那明快地设计出舒适居住环境的良好平面设计。这种动线处理以及完美无缺的设计方案，作为面向核心家庭的小型住宅，可谓登峰造极之作，称之为“现代生活的原型”也不为过吧。

现在，请读者朋友们看着平面图（参见 113 页），想象发生在这里的生活情景，试着“用眼睛参观一圈”吧！能够在没有走廊和通道的室内没有障碍、自由自在地行走，这让约 100 平方米的住宅带给人无限宽敞的感受。设计者一定完全了解居住者的感觉和想法，对于日常生活中会出现的各种情况都有不过之也无不及的应对处理，所以才能够设计出这样的房间布局吧！

按照车库→服务庭园→后门→家务间→家人用小餐厅→厨房→玄关→更衣室→卧室→餐厅→起居室→儿童房（书房）的顺序走一圈，再从儿童房穿过洗手间和浴室，又回到了家务间，真是不可思议！这样的动线设计，让我在脑海里想象多少次漫步于此也不会厌倦。

住宅的动线并非只是依附在生活的微妙之处，它本身就应是充满惊喜与发现的小旅行，并且必须是愉快的。

这就是我从“CSH”一号和“CSH”十一号这两栋小型住宅杰作中，直接而切实学到的东西。

11
住宅变奏曲

马维斯塔住宅

| 设计 | **格雷戈里·艾恩**

1948 年 美国 加利福尼亚州 洛杉矶

这是由活跃在加利福尼亚州的建筑师格雷戈里·艾恩（Gregory Ain，1908—1988）和景观建筑师盖瑞特·埃克博（Garrett Eckbo，1910—2000）共同设计的分售住宅。在 0.24 平方千米的土地上，原计划建造 100 栋住宅，最终建成 52 栋。在这个规划中，不同住宅配置不同，于是产生了景观上的变化。每一户的墙壁都是可移动式的，所以房间布局都是可以改变的。艾恩生于匹兹堡，在鲁道夫·辛德勒（Rudolph M. Schindler，1887—1953）和理查德·诺伊特拉（Richard Neutra，1892—1970）的建筑事务所工作一段时间之后，独立创业。他出生于俄罗斯，受父亲社会主义信仰影响，热衷于研究面向普通民众的低成本住宅。

马维斯塔住宅的街景。望着街道旁需要仰视的大树，很难想象在半世纪以前这里还是一片荒凉的土地。

我在前文中写过，二战后以洛杉矶为中心掀起的“住宅案例研究运动”（“CSH 项目”），其内容为“供核心家庭使用的实验住宅”。这是建筑界对这项运动所达成的共识，我看过相关照片，也曾一度认同该观点。然而，在实地参观第一号案例（“CSH”一号）之后，我才发现，“CSH 项目”与我先前的想象完全不同。我在前文中已经介绍了该项目多么重视居住的便利性，不过，最令我惊讶的是，这些住宅的外观，怎么看也不像实验住宅。它们并没有让人惊叹的奇异造型，也没有让人感受到在刻意表现建筑创意，而是与街景融为一体，外观上并不特别，反而非常内敛、不起眼。这种外观风格让人感受到设计者和居住者的品性，我非常欣赏。

话虽如此，在半世纪前这些住宅刚建成的时候，它们那潇洒的姿态，在当时世人的眼中一定也是光彩照人的吧。不过，由于这些住宅的外观没有故意炫耀的姿态，也没有让人感到威风凛凛，因此随着周围树木和树丛的成长，逐渐和谐地融入周围的街景中。建筑与街景就像人在度过充实人生之后的面相，随着岁月慢慢流逝，也逐渐变得安详而柔和。

这一章里，我要为读者们介绍一个成功“融入街景的住宅”案例，那就是位于洛杉矶的商品房——“马维斯塔住宅”。

事实上，在我前往洛杉矶做这趟参观旅行之前，我完全不知道“马维斯塔住宅”的任何信息。为我们协调参观事宜的建筑师田中玄先生认为，如果想看 20 世纪 50 年代的洛杉矶住宅，就必须看这个住宅群。他周到地将这片分售住宅列入了我们的参观计划，这对我来说就像是天上掉下了馅饼。

“马维斯塔住宅”位于洛杉矶的玛丽安德尔湾北部 3 千米处。洛杉矶原本是沙漠地带，1947 年，在这片留有沙漠旧影的荒寂土地上，人们制定了一个建设 100 栋分售住宅的计划。

项目总设计师是建筑师格雷戈里・艾恩，合作设计师为约瑟夫・约翰逊和艾尔福烈德・蒂两位建筑师。住宅整体外观规划和树木栽植设计则特别聘请景观建筑师盖瑞特・埃克博主持。

该规划方案刊登在“CSH”项目的发起者——《艺术与建筑》杂志的 1948 年 5 月这一期上。最初计划修建 100 栋平房住宅，但实际建成的只有 52 栋。

参观马维斯塔住宅时，以下几处尤其吸引我，令我印象深刻。

自建成后已历经半个多世纪，当年的小树，如今已形成了舒适的绿荫，围绕着住宅。支撑玄关门廊的 V 形柱子，被称为“蜘蛛腿”，是马维斯塔住宅的标志之一。

修建时的照片。刚刚种植的街道树木还很矮，与柯利牧羊犬差不多高。

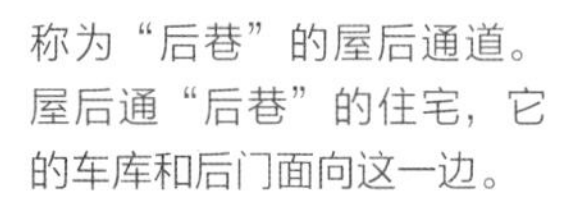

称为“后巷”的屋后通道。屋后通“后巷”的住宅，它的车库和后门面向这一边。

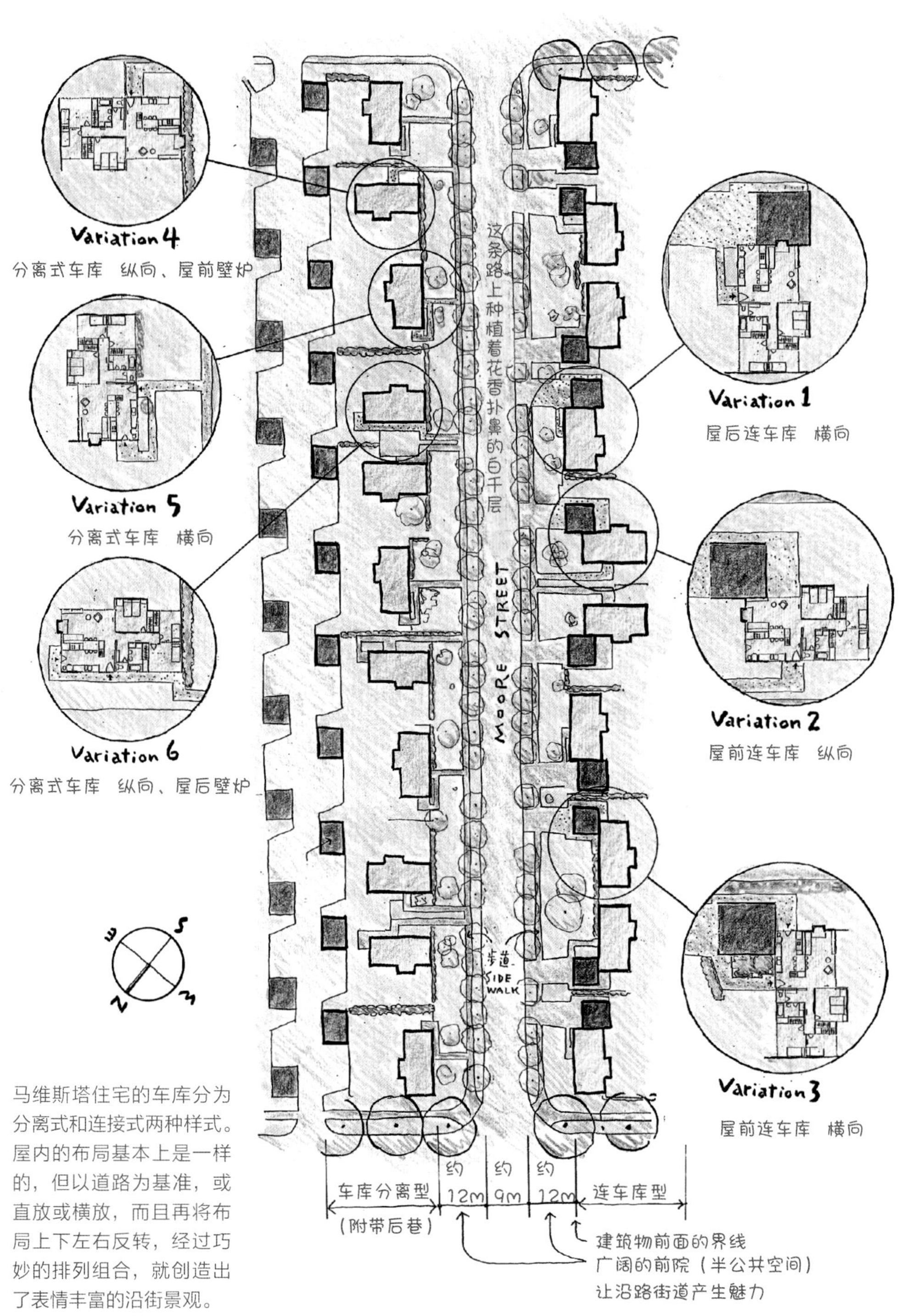

马维斯塔住宅的车库分为分离式和连接式两种样式。屋内的布局基本上是一样的，但以道路为基准，或直放或横放，而且再将布局上下左右反转，经过巧妙的排列组合，就创造出了表情丰富的沿街景观。

车库示意图

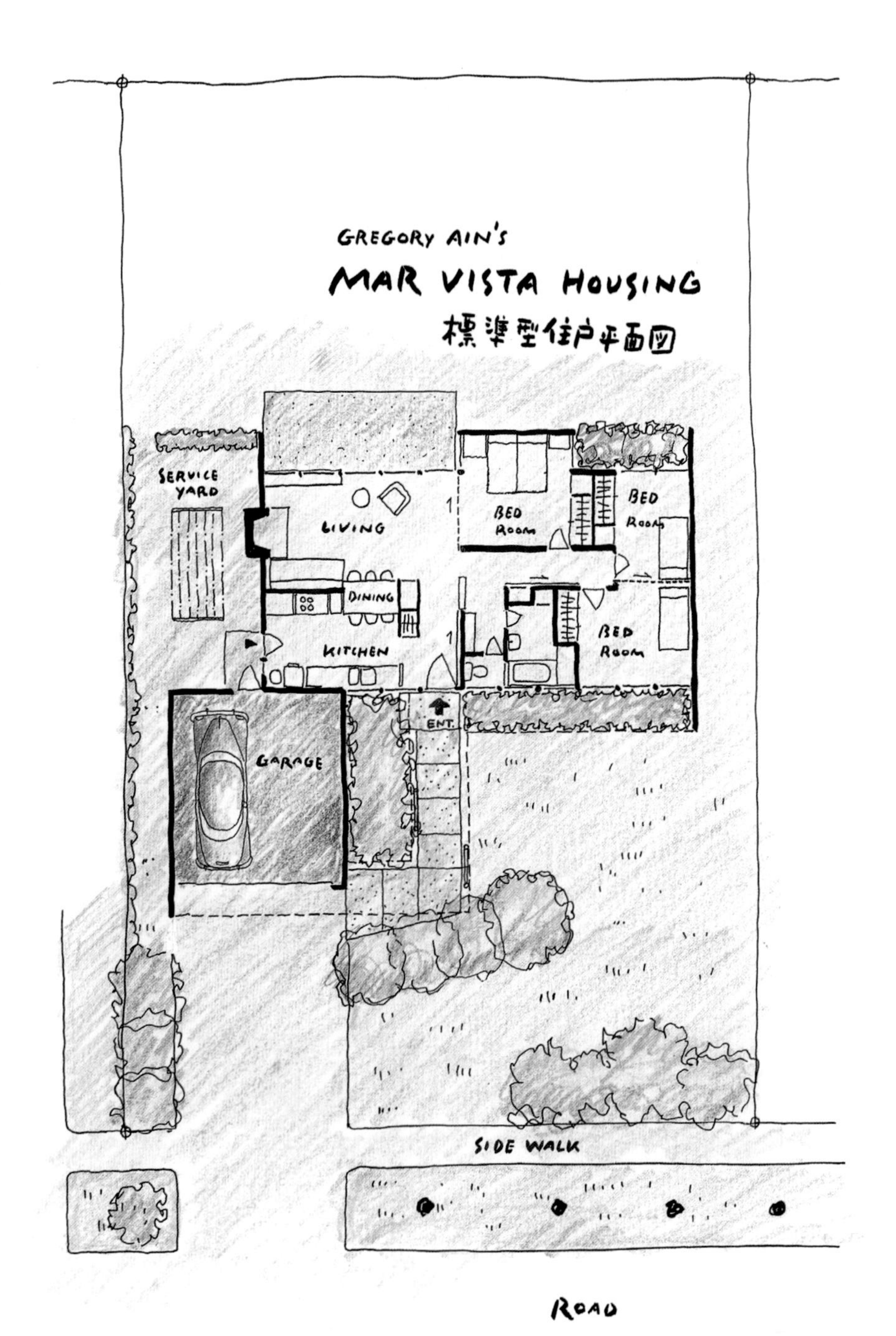
GREGORY AIN'S
MAR VISTA HOUSING
標準型住户平面図
SERVICE YARD
LIVING
BED ROOM
BED ROOM
DINING
KITCHEN
BED ROOM
ENT.
GARAGE
SIDE WALK
ROAD

标准型住户平面图

住宅内部每个入住家庭都尊重初始设计，并结合自己生活所需进行扩建、改建或修缮，快乐地生活着。

半世纪前的起居室和进餐空间。设计者下了许多功夫，尝试有效地利用有限的空间。

第一，住宅的标准规划（房间布局）简单朴素，结构朴实（说直白些，施工成本很低），但并不粗糙，以简洁令人感受到内涵丰富。上一章中提到了“CSH”十一号的面积约100平方米，而马维斯塔住宅的标准方案比它还小，总建筑面积还不足100平方米。为能最有效地利用有限的面积，设计师颇费了一番工夫。

在这些工夫中，最值得一提的是，设计师使用拉门、活动墙壁等来隔开房间，需要时开放空间，从而能够弹性地利用狭小的空间。白天是起居室的一部分，到了晚上用一面活动式墙壁隔开，就成了卧室。这种设计让人联想到日本传统的居住方式，在一个不设限的空间里，利用拉门与纸门，自由自在地变换使用。此外，厨房和起居室之间做了一个吧台，居住者可以直接当餐桌使用。看到这个设计，我脑海中马上浮现出日本住宅里设在厨房隔壁的小餐厅。比起空间狭小的住宅，这种与生活密切结合的生活派所特有的设计方式，更是极大地唤起了我的共鸣。

第二，看似整齐划一的分售住宅，实际上，每家每户的配置和设计各有不同，极为周密，细致得令人惊讶。这些住宅的室内布局都是始于同一个原始方案，但设计者们将这个标准方案左右旋转、上下颠倒，将车库设计为直放或横放，车库与住宅设计为连接式或者分离式，道路不只向外，还设置接待用的内侧通道，等等。如此这般，通过排列组合，得到多种多样的住宅版本，再巧妙地配置在一起，造就了形式多样而富有变化的街道样貌。这让人强烈地感受到：住在此地的人并不只是住在家中，还“住在街道上”，所以他们拥有共同的信念，就是“建设值得热爱的街道”。换言之，这是一种集合在一起居住的方式所产生的智慧，也是居民们坚定的思想——人居住的街道必须是这样的。

第三，这些经过巧妙安排的住宅，每一栋都保持着了不起的个性，至今依然充满朝气。我在前面提到“这52栋住宅全部原样保留至半个世纪后的今天”，事实上，这些住宅并不是“原样保留”，而是在原始标准规划的基础上，多少做了些改建。这一规划本来就是供平民居住的低成本住宅，按美国的住宅标准，它不算宽敞，甚至有些狭窄。因此，住在这里的人会感到不方便，于是各随所好地进行扩建或改建。也就是说，“保留原样”是难以继续居住的。令我兴致盎然的，正是每家不同的扩建或改建方式。每个家庭一边妥善保留和发挥原有室内布局的优点，也会结合自己的生活方式做出适当的修改。

尽管各个家庭按照自己的想法自行进行了扩建、改建，但街道景观并没有因此变得混乱，依然保持整齐。这是因为，该社区拥有自主管理组织，对于扩建、改建有专门的委员按照本社区的建筑协议进行审查。例如，建筑协议禁止将住宅扩建为两层，同时设定了建筑容积率和总建筑面积的上限，也规定了马路边到房屋之间的景观。如此这般凭借细致的规则，守护着住宅群整体的居住环境。这些规则的基本理念就是，最大限度地尊重半世纪前格雷戈里·艾恩所设计的氛围以及盖瑞特·埃克博设计的外观景观。

在这些限制条件之下，有的住宅在院子一侧进行扩建，有的拆掉扩建部分以恢复原状，有的拆除内部隔间以获得宽敞空间，还有个住宅在路面难以看到的部位加高至一层半（禁止建二层），在允许的最大限高内造了书架，造出起居室兼图书室的美好空间。

当我踏入每栋住宅时，迎接我的是全然不同的生活形态和个性的室内陈设。这些不同的感觉，让我产生了错觉，仿佛每栋住宅都在播放着不同曲调的音乐。每家的玄关大门一打开，就仿佛巴赫名曲《哥德堡变奏曲》正在以一种新的变奏形式开始演奏。这些不同变奏的背后，都拥有一个不变的“主题”。这个“主

在居民协议所规定的高度范围内，最大限度地增高扩建后的起居室兼图书室。让人难以相信，这一宽敞空间，其实在最初规划时只有 100 平方米。

题”，自然就是最初的布局设计。我想，正是由于“马维斯塔住宅”与“CSH”十一号一样拥有不受流行左右的风格，也是“现代生活的原型”，因此才能带给人以上感觉。

写到这里，我刚踏入“马维斯塔住宅”时感受到的强烈印象，再次鲜明地浮现在眼前。

让我先惊叹而后感动的是，任何一条马路两旁都是茂盛的大树，整条街都被浓密的树荫遮蔽。在日照极强的洛杉矶，拥有如此茂密的树荫，即便不在夏天，也很容易想象这有多么幸福。带我们参观的居民说，每条马路种的树都不一样，这条马路是玉兰，那条马路则种着像榕树那样有香味、会开花的树木，因此就算闭着眼也能知道自己在哪条马路上。这是景观建筑师盖瑞特·埃克博的主意。我在住宅刚建成时的照片上看到，这个住宅区的树苗一开始还没有柯利牧羊犬高，整个住宅区依然弥漫着荒凉的沙漠气息。但是，那些幼小的树苗，在半个多世纪间，经过不断地浇水与精心照顾，已经长成需要仰望的大树了。马维斯塔住宅的居民让树木生根、成长，使自己的居住环境变得美观而舒适。与此同时，随着他们在这里定居，长久居住、世代相传的意识和信念，无疑也已生根发芽，并且茁壮成长。

12
马蒂斯留下的光之宝箱

玫瑰礼拜堂

| 设计 | **亨利·马蒂斯**

1951 年 法国 旺斯

本章介绍的是20世纪的画坛巨匠亨利·马蒂斯（Henri Matisse，1869—1954）于晚年倾注心血所设计的礼拜堂。建在位于法国尼斯西北约 30 千米的小镇旺斯（Vence）的多米尼克修道院院址内。斜对面是马蒂斯 1943 年开始居住的别墅，他在这里度过了 5 年躲避战乱的时光。与曾经照顾过他的护士修女重逢，令他感觉设计这座教堂就是“命中注定的工作”。这座旨在令进来的人心情变得轻松，即便不是教徒，也能感到精神昂扬、思路清晰、心情轻快的礼拜堂，被认为是“色彩大师”马蒂斯的集大成之作。

从旺斯旧市中心看到的白崖。斜坡上的房屋，墙壁为土黄色或浅咖啡色系，屋顶几乎都是泛点红色的瓦屋顶。照片中间偏右方有座闪亮的白墙建筑，那就是马蒂斯建造的玫瑰礼拜堂。

设计建造这个教堂时，选择彩色玻璃是马蒂斯最先投入的工作。打磨光亮的白色大理石地板上，清晰地映照出彩色玻璃的图案。

祭坛后方两块名为“生命之树”的彩色玻璃。光线透过彩色玻璃照在白色墙壁上，随着时间变化产生无穷变幻。黄色植物图案的原型据说是生长在普罗旺斯的仙人掌。

AVE

马蒂斯在丽吉纳饭店的画室内作《圣多米尼克》素描。此图为本文作者根据罗伯特·卡帕（Robert Capa）所拍照片绘制。

你知道有这样一种明信片吗？它的图案是拍摄画家或雕塑家在画室或住宅活动情景的黑白照片。许多艺术家具有强烈的个人风格，最典型的如巴勃罗·毕加索（Pablo Picasso，1881—1973）和阿尔贝托·贾科梅蒂（Alberto Giacometti，1901—1966），这些人仿佛拥有一种独特的气场，能够紧紧抓住观众的心。

我在自家小书房的墙上别了十几张这种明信片。其中，我特别喜欢的一张照片，是马蒂斯晚年在尼斯的画室里，拿着尾端绑有炭条的长竹竿，在斜靠着墙壁、贴着画纸的画板上作素描。马蒂斯右手拿竹竿、左手叉腰的悠闲站姿，室内摇曳的安详的自然光，让我在第一次看到照片的瞬间，就将照片印在我的眼中和心里了。对了，拍摄这张照片的是著名摄影师罗伯特·卡帕（Robert Capa，1913—1954）。或许应该说一句“不负盛名”。

这张明信片是很久以前买来的，在不时观赏它的过程中，我心中逐渐生出了一些疑问。

左页上：礼拜堂内部。彩色玻璃位于南面和西面，照片靠里的右边是祭坛，左侧稍高出一块的位置是修女席。

左页下：北面和东面的墙上贴有瓷砖壁画。东面画的是“十字架之路”，北面是“圣母与圣子”，瓷砖表面也映出彩色玻璃的颜色，这一点不可错过。

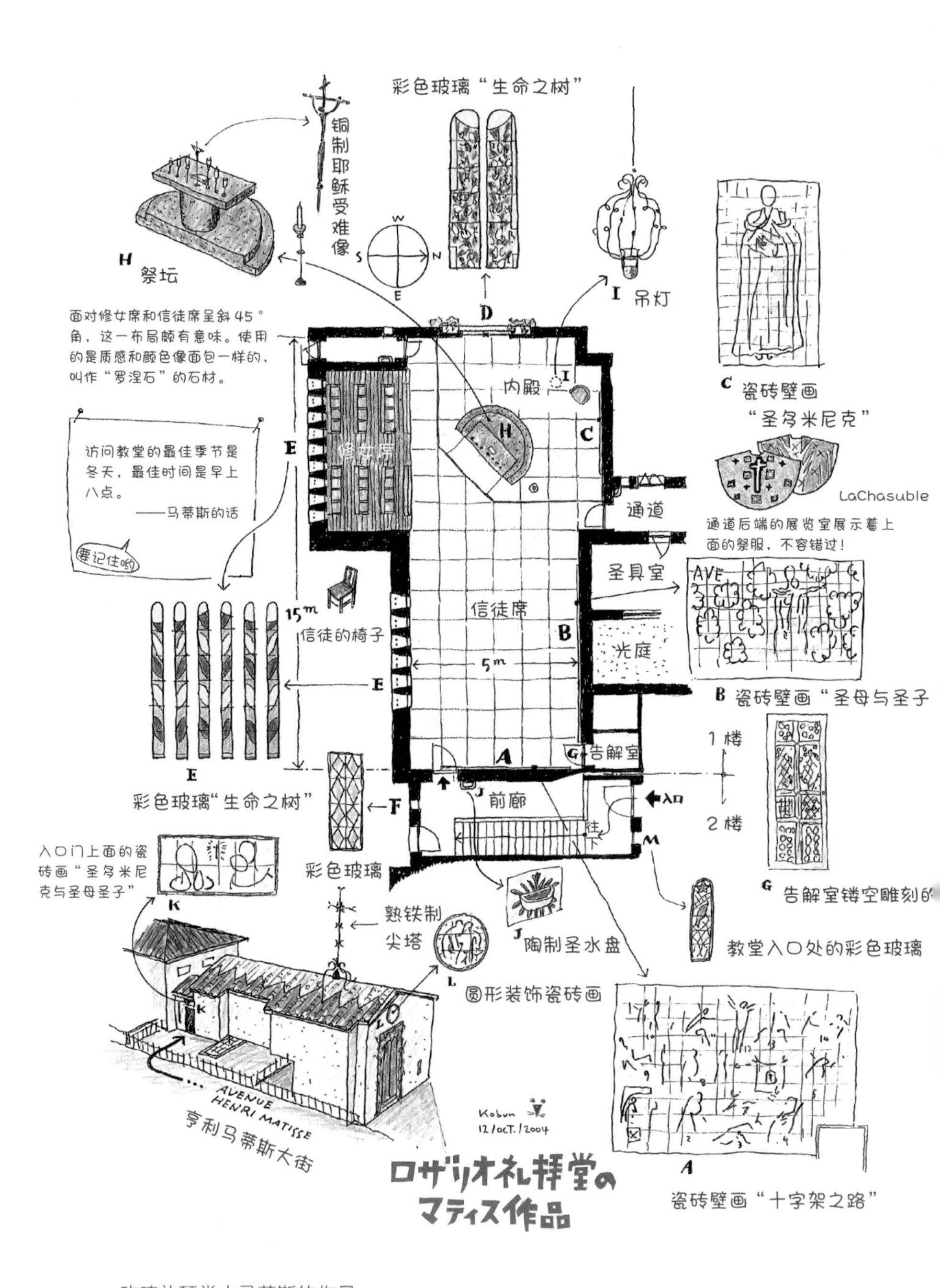

玫瑰礼拜堂中马蒂斯的作品

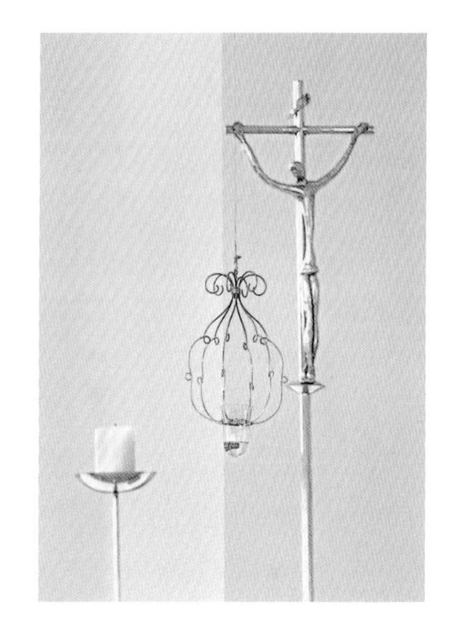

祭台上摆放的耶稣受难像和烛台。雕像后面是吊灯，这些物品的造型就像是马蒂斯画稿的线条立体化了，虽然简洁，却又能让人感受到马蒂斯手的温度。

“疑问”这个词换种说法，就是“勾起了我的兴趣”。为什么要在那么长的竹竿前端绑上炭条来做画呢？用炭条描绘的素描和马蒂斯背后墙壁上那一系列画稿究竟是什么呢？还有一个并不算重要的细节，整个地板上整整齐齐地铺满了报纸，这令我着实佩服。

自那时起，我开始搜集购买有关马蒂斯的书，阅读之后，所有的疑问烟消云散。明信片上的照片，拍摄的是马蒂斯自己称之为“一生工作的终点”——为旺斯玫瑰礼拜堂的壁画作素描的情景。有关马蒂斯晚年时进行创作的情景或居家活动的照片有很多，其中多是马蒂斯在居所兼画室内设计礼拜堂的工作情景。

当我仔细观赏众多照片，阅读书籍解说时，这座马蒂斯耗费四年心血完成的玫瑰礼拜堂，在我心目中的地位不断提升。

拍摄到马蒂斯设计玫瑰礼拜堂情景的照片，可谓是真实地呈现出马蒂斯投入怎样的工作而完成杰作的视觉性证言。除此之外，还留下了许多由知情人描述当时情形的书籍证言。

例如，为这个教堂的诞生创造了直接契机的雅克·玛莉修女，写了一本有关她和晚年的马蒂斯来往的书。这本书对于想要了解马蒂斯对亲近好友如何体贴入微，以及不时显现的幽默感等人性化的一面的读者来说，是一本不可多得的佳作。同时，这本书里许多饱含敬爱之意的回忆，在描绘马蒂斯的同时，也描绘出作者自身温暖、稳重、平和的性格。她在成为修女之前的名字是莫妮卡·布尔茹瓦

（Momique Bourgeois），是一个护士学校的学生。

1941 年，当时 71 岁的马蒂斯做了肠道的大手术，雇佣她来照顾自己。尽管两人岁数之差如同祖父和孙女，但是非常合得来，没多久就建立起了亲密的信任关系。之后一段时间，两人失去了联系。几年后，她成为多米尼克派的护士修女，来到了旺斯修道院，因此与住在修道院斜对面的别墅中为避开二战战乱而来到此地的马蒂斯又开始往来。1947 年，她找马蒂斯商量建造教堂事宜，马蒂斯对此表现出了巨大的关切与热情，从这时起，新建玫瑰礼拜堂的计划一直朝着实现的方向迈进。

自从被明信片上的照片所吸引后，我一有机会就会读些有关马蒂斯的趣闻逸事，其中最让我感兴趣的，并惊叹于作者敏锐的观察力、准确的记忆力、深刻的洞察力、精湛的描写功力的作品，是弗朗索瓦斯·吉洛的著作《马蒂斯与毕加索：艺术家的友情》（*Matisse and Picasso–The Story of Their Rivalry and Friendship*）。这部作品就像吉洛用文笔揭去了追忆和思慕等甜美面纱，让人们能够近距离地观察到马蒂斯的侧面。例如，对于马蒂斯在吉洛和毕加索眼前创作出充满魅力的剪纸作品时的情形，她描写如下：

“……马蒂斯立刻拿起那些纸片，用大剪刀毫不客气地开剪。不久，纸片就变成了带着尖锐角的小块。剪掉多余的部分，没有了整齐的感觉，这样使得纸片的作用能够发挥至极致。

那是个绚烂夺目的情景。我们不觉屏气静声。因为我们知道，马蒂斯终于要进入作品最后的完成阶段了。他没有任何犹豫。就像在顺势而为。慢慢地，但绝非犹豫不决，马蒂斯把刚才剪好的纸片轻轻地放在绿色纸张的左下角。非常完美。所有过程都结束，一切要素瞬间结合在一起。整个作品既取得了平衡，又不显得死板，张弛适度，危险与高昂、热情与休止，应有尽有。存在、精神、感觉，无论哪种都能获得完全的满足。在我们眼前，诞生了一幅向永恒挑战的精致杰作。”

玫瑰礼拜堂是一个像小箱子一样的可爱建筑。这个小建筑坐落在比道路低一截的地方，因此从道路上看过来，建筑会显得更矮、更小巧。来这里的人首先需要从面向马路的入口进入，接着立刻走下笔直的楼梯，进入一个小空间（前廊）平心静气。在这里深呼吸一下，使心情静下来后再缓缓地进入教堂。

大约十年前，当我第一次踏入玫瑰礼拜堂时，我感觉教堂里面过于朴实无华。说实话，我当时觉得，好像缺点什么。或许是“马蒂斯毕生大作”这种先入为主

从礼拜堂南面仰望屋顶上铁制的十字架尖塔。在碧蓝天空的衬托下，映射着法国南部耀眼阳光的弦月图案，就好像贴在蓝色衬纸上的金色剪纸。

的观念在作祟，所以我不自觉地想象礼拜堂里应该有更多戏剧性的特色，大概是过度期待了吧。然而，伫立在礼拜堂中，看到自然光穿过彩色玻璃充满整个室内，我开始感受到一种强烈的安心感从心底升起。那种感觉，就像是被纯白丝棉过滤后的清爽空气轻柔拥抱一样。这时，我注意到了彩绘玻璃、镶嵌在墙壁上的瓷砖上的素描，几何形状的祭坛以及摆放在上面的铜烛台、掐丝灯具，木制的家具等，这些马蒂斯精心打造的作品似乎在彼此凝视、相互对话、相互点头，酝酿出一种张力十足的清澈氛围。此时，我想到，“色彩”“线条”“素材”“形态”所构成的不可动摇的和谐，正是马蒂斯在这个礼拜堂里想要达到的目标。

至今为止，我总共三次拜访玫瑰礼拜堂。在 2004 年 9 月上旬，出版社新潮社获得了教堂的拍摄许可，我因此有了第四次参观的机会。这一次，有关摄影的事情就全权交给了筒口摄影师，我要仔细回顾马蒂斯为了创造出如此完美的和谐所经历的漫长路途，并调动所有感官，充分品味这一大师孜孜不倦、不懈钻研终于完成的作品。

在建造教堂的工作中，马蒂斯最先投入的工作就是彩色玻璃的制作。马蒂斯采用剪纸的手法创作出造型，考虑如何使光穿过几种不同颜色的玻璃后营造出教堂的空间效果等问题。他对这些问题不断摸索、研究的情景，可以从那些他在画室工作的照片里清楚地看到。当我实际站在礼拜堂中，身处那时时推移、时时变化的光线游戏中时，脑中突然掠过一个假想：马蒂斯是不是想要借从彩色玻璃射进来的自然光，把教堂中那不可捉摸的立体空间涂上色彩呢？带着这种想法环顾礼拜堂的内部，我注意到，这里面“具有光泽的表面”非常多。不仅仅有磨光的白色大理石地板、闪烁光泽的素描瓷砖等这种较大的光泽面，仔细观察会发现，告解室的镂空门上也涂着珐琅，能够反射光芒，木制的门框也刷上了油性亮光漆。甚至小祭坛的烛台、从天花板吊下来的灯具上的金属线等小物件，也都闪烁着金色光芒。

这些发现让我更加认为，马蒂斯不仅想让自然光透过彩色玻璃将墙壁和地板染上漂亮的颜色，还想让这些光芒被各种不同素材反射，从而在空中跳跃、扩散。这些光泽表面，正是让马蒂斯构思的“色彩交响乐”响彻礼拜堂时不可或缺的颜色反射板。

1947 年秋，拥有建筑知识与素养的雷西吉耶修士提出修建玫瑰礼拜堂，并向修道院长进言，希望将这个教堂的所有设计都委托给画家马蒂斯。这件事将

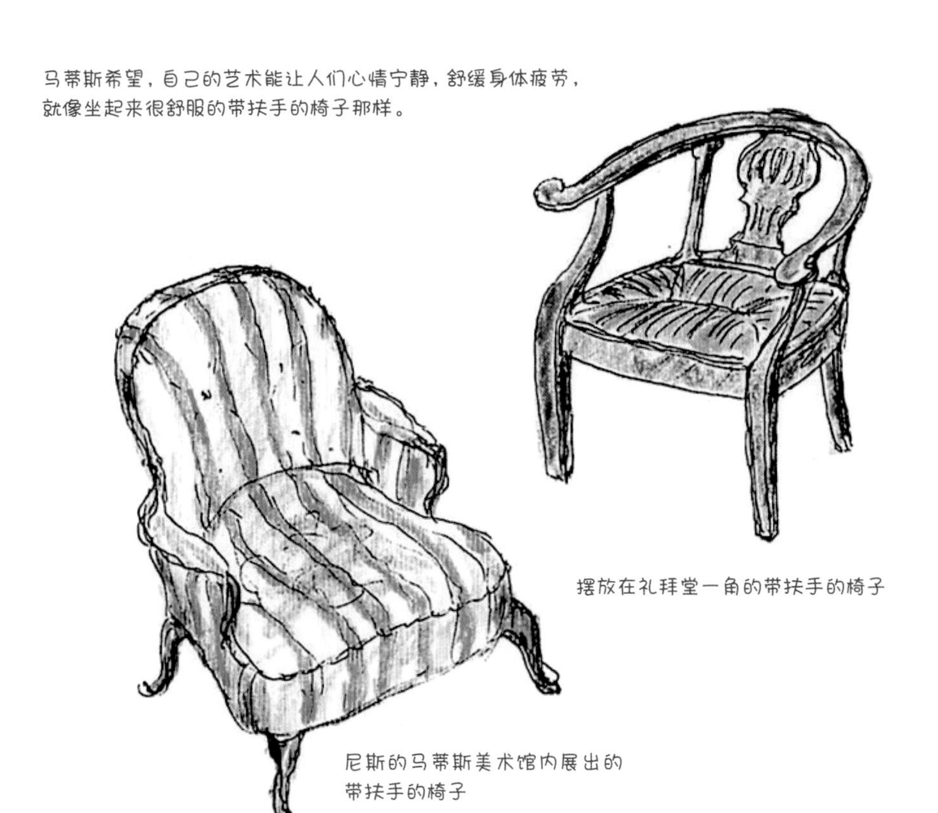
马蒂斯希望，自己的艺术能让人们心情宁静，舒缓身体疲劳，
就像坐起来很舒服的带扶手的椅子那样。

摆放在礼拜堂一角的带扶手的椅子

尼斯的马蒂斯美术馆内展出的
带扶手的椅子

这两人联系在一起。那一年的 12 月，雷西吉耶修士将自己画的教堂基本设计图纸拿给马蒂斯看，自此，以马蒂斯为中心的礼拜堂新建计划正式开始。从设计到落成总共花费四年时间。担任修道院方面建筑负责人、与马蒂斯合作的雷西吉耶修士，当时不过三十来岁。

根据雷西吉耶修士描述，马蒂斯在刚着手设计教堂时，还不能很好地把握建筑空间，而是把空间看作“书中的一页”。或许因为马蒂斯有制书的经历，因而把空间的场景变化当作翻书了吧。马蒂斯受到修士在建筑结构、施工方法基础知识的指导后，逐步具有了将空间当实体来掌握的能力。我想，这种方法一定是经历过长年对眼睛的锻炼、手部的训练，并经常认真面对眼前物体的画家才能具备的独创技能。

马蒂斯彻底排除观念性概念和不可能实现的构想，以彻底的“实事主义、原物主义、原尺寸主义”来推动与实现礼拜堂的建造工作。这是马蒂斯为玫瑰礼拜堂修建所创造出的，将建筑与艺术融为一体的风格。

在本文开篇，我提到过“有关马蒂斯晚年创作情景和居家活动的照片很多”。一张张地仔细翻看这些照片，马蒂斯设计建造礼拜堂的风格就能浮现眼前。我在前面已经介绍了马蒂斯用绑在长竹竿前端的炭条画着圣多米尼克像时的照片；除此之外，还有多种马蒂斯将与彩色玻璃同尺寸的图纸贴在墙上的相片；还有马蒂斯将原物同尺寸，大概是用厚纸板做的祭坛模型（上面当然也有耶稣受难像和烛台）的照片；还有将教堂大模型放在一边，马蒂斯躺在床上用那根绑有炭条的长竹竿在墙上素描的照片；还有拍到了修女专用长椅子的部分实验作品，以及材料样品的照片。也就是说，马蒂斯把自己居住的丽吉纳饭店的房间内部当作玫瑰礼拜堂的同尺寸模型（模拟空间）来进行创作。他在每天的生活中，逐个确认每一样东西，踏实地推进着工作。我想，这正是他能够在礼拜堂里自由运用那么多不同素材（彩色玻璃、瓷砖、石头、铁、铜、木头、布）和手法，而又能够创造出和谐静谧的建筑空间的最大原因。假如礼拜堂的规模比马蒂斯的住屋再大哪怕一圈，而马蒂斯还使用相同尺寸进行设计及制作，那建造计划就不可能完成了。因为，要找到与礼拜堂的天花板高度和宽度相同的画室非常困难（丽吉纳饭店的画室高度和宽度可以达到玫瑰礼拜堂的规模）。此外更重要的是，假如规模增大，这将会超出马蒂斯体力和精力的极限。

雅克·玛莉修女写过一句话：“这座礼拜堂与我所认识的那位画家非常相似”。我越发觉得，这句话含义深刻，极具暗示性。

在尼斯的马蒂斯美术馆里，我看到了多次出现在马蒂斯画中的带扶手的条纹椅子。马蒂斯的日常生活中，除了这把带扶手的椅子之外，还有许多带扶手的椅子。他大概是个非常喜爱带扶手椅子的人吧。如果仔细观察摆放在礼拜堂圣所右边角落的木质扶手椅，会发现它和马蒂斯画室照片里的那把椅子是一样的。我想，这大概是马蒂斯觉得这把椅子“坐起来舒服，造型也好看，也适合礼拜堂的风格”，所以就请工匠制作了一把完全相同的椅子放到礼拜堂了吧。

13
窥探建筑大师的设计图

萨伏伊别墅

| 设计 | **勒·柯布西耶**

1931 年 法国 普瓦西

坐落在法国巴黎郊外的度假别墅——萨伏伊别墅，是现代主义建筑的代表作，由 20 世纪建筑大师勒·柯布西耶（1887—1965）设计。柯布西耶在 1926 年出版的著作《建筑五要素》中提出了新建筑的“五要素”，即：独立支柱、屋顶花园、自由平面、横向长窗与自由立面。萨伏伊别墅中具体展现了这“五要素”。勒·柯布西耶出生于瑞士，曾在奥古斯特·贝瑞的事务所工作，后来自立门户。他秉持不加任何装饰只使用钢筋水泥的崭新理念，建造出许多现代建筑，对后世影响深远。其代表作有朗香教堂等。

萨伏伊别墅的东南面。支柱撑着的方盒形建筑就像腾空落在森林环绕的草坪上，于 1931 年建成的这座别墅，堪称勒·柯布西耶的“白色时代”画上完美句号的杰作。

盘旋在门厅的旋转楼梯、浴室里的曲形躺椅（143 页图）等，它们雕刻般的造型，为直线组成的透明空间带来活力。

我选择巴黎郊外的萨伏伊别墅作为本书下半卷的开篇，是为了向建筑大师勒·柯布西耶致敬。从他身上我学习到，对一名建筑师来说，走访并亲眼考察建筑十分重要。

柯布西耶自 1928 年 9 月起便开始设计萨伏伊别墅，几经波折后，于 1930 年开工，1931 年完工。别墅的主人皮埃尔·萨伏伊是一家保险公司的董事，他建造这栋别墅的目的是，为了让家人和朋友周末来此度假，享受田园生活。伫立在广阔的建筑用地中央的这栋白色方形建筑，看上去有些脱离现实，像是凭空飞来落到了这块平坦草坪上。由于职业缘故，我对与众不同的建筑早已司空见惯，但即便如此，这栋建筑还是让我眼前一亮。想必七十多年前，这栋建筑一定让当时的世人感到颇为震撼吧。据说，业主皮埃尔与其家人思想开放，不受固有观念与先入之见的拘束，欣然接受了这个不同寻常的设计方案。不过，在别墅建成后，由于房屋漏雨、供暖故障等问题，业主非常不满，还差点将设计师告上法庭。

20 世纪 20 年代，勒·柯布西耶与其堂弟兼合伙人皮埃尔·让纳雷一道投身于住宅设计事业。建筑史上将他的这一时期称为“白色时代”。而萨伏伊别墅正

从一楼延伸至屋顶的斜梯。勒·柯布西耶提倡在建筑物中自由走动，即“建筑漫步”，因此斜梯是漫步时不可缺少的要素。

是其“白色时代”的收官之作。《勒·柯布西耶作品全集》共有八卷，第一卷末刊登了萨伏伊别墅的设计图纸以及透视图法设计方案，而第二卷开头则刊登着该别墅建成后的实际图纸和照片。将这两册书放在一起一比较，就会发现，设计方案和实际建成的建筑之间存在巨大差异。在设计方案中，别墅有三层，而实际建成后只有两层，设计方案的平面面积也比实际建筑要大一圈。尽管勒·柯布西耶本人并没有对这些差异做出任何解释，可以想见，其间一定发生了某些难以言说的状况，使得大师不得不更改设计方案。

大约九年前，我带着这样的思考，再次前往萨伏伊别墅参观学习（或许应该说“参拜”？）。我的内心某处依然惦记着那份一再更改的设计方案，但在那次参观中，我完全被别墅内各式各样的造型物所吸引，全身心沉浸其中。我清晰地感受到，勒·柯布西耶在倡导“透明性”“纯粹”等理念的同时，又在透明的室内空间搭配形状奇特的造型物，希望通过它们给空间增添张力与活力。这种手法，可谓与龙安寺通过在土墙围绕、铺满碎石的庭院中点缀大小不一的石头，从而创造出一个小世界的做法如出一脉。

二楼的起居室与屋顶露台相连，令屋顶花园显得更加宽敞。“屋顶花园”是勒・柯布西耶所提倡的现代建筑“五要素”之一。

进门厅后看到的那座弥漫着勒・柯布西耶风格的螺旋形楼梯（像一只白色蜗牛），坡道旁的那个像是被人遗落的洗脸池，二楼萨伏伊夫妇专用的浴室里贴着瓷砖的曲形躺椅，以及沐浴在天窗照进的光线中营造出如祭坛般神圣氛围的洗脸池（又是洗脸池！勒・柯布西耶对洗脸池真可谓十分痴狂）……这些物件，个个准确点中空间的要穴。在由直线和平面构成的几何形建筑空间里，放入有机的图形，从而形成对比，制造出一种不和谐音，使空间变得生机勃勃。此时，我不禁想到，若是从空间中的造型物这一视角来分析勒・柯布西耶的作品，一定很有趣吧。

那次参观过去几天之后，我依然感到余韵未尽，这时，我在音乐堂附近一家专卖建筑和美术书籍的书店里，偶然发现一本专门研究勒・柯布西耶“白色时代”住宅的书——勒・柯布西耶的别墅：1920—1930（*THE VILLAS OF LE CORBUSIER 1920–1930*）。感慨着这一巧合，我立刻买了下来。

令我尤其感兴趣的是，这本书的作者提姆・本顿（Tim Benton）似乎也很在意萨伏伊别墅的设计方案与实际方案之间的巨大差异，因此竭力搜集并研究了留在勒・柯布西耶财团的图纸和资料。这本书中刊登了大量不同阶段的别墅

宽敞的起居室和餐厅。一字形横向长窗是勒·柯布西耶非常自豪的独特设计，他称之为“缎带窗”。室内的家具均由勒·柯布西耶与夏洛特·佩莉安共同设计。

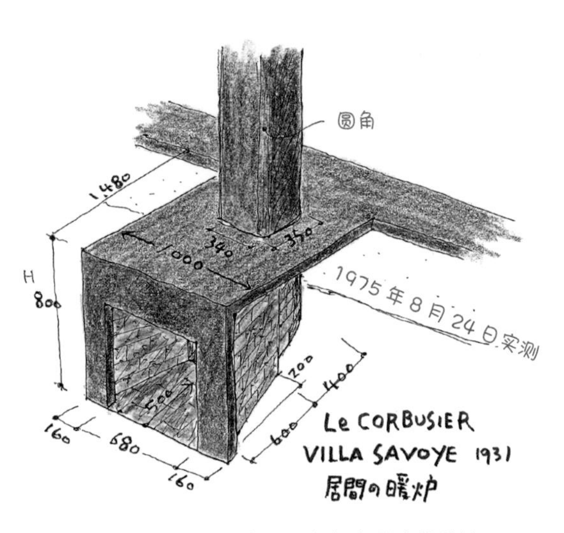

勒·柯布西耶萨伏伊别墅（1931年）起居室的壁炉

设计图纸，仔细阅读这些图纸，就会感到，自己似乎正站在勒·柯布西耶的背后，越过他的肩膀，注视着他的设计过程。似乎能够看见大师如何进行设计，如何展开思考，甚至可以洞悉到他思绪上的微小变化。或者说，透过这些图纸，大师苦恼时的呻吟，不顺心时发出的声音，进展顺利时哼的小曲儿，似乎都能声声入耳。

勒·柯布西耶（与其合伙人皮埃尔·让纳雷）从最初的设计方案到实施方案，一共留下了6个版本的方案。下面我将按时间顺序进行介绍，读者朋友，请您边看后页图纸，边阅读文字吧。

①1928年10月6日—10日的方案

这是《勒·柯布西耶作品全集》第一卷刊登的最初计划方案。设计工作从9月份才开始，因此，也就是说，这个方案仅用一个月就完成了。短短一个月的时间里，勒·柯布西耶完成了设计方案，方案中不仅纳入了他当时提出的现代建筑“五要素”——独立支柱、屋顶花园、自由平面、横向长窗与自由立面，还对“车的动线”“建筑漫步”这两个课题做出了回答，让人不能不佩服他的非凡才能与力量。据说，勒·柯布西耶和皮埃尔·让纳雷对这一得意之作也颇为满意，这一方案施工图纸的页数要比最终实施方案的还要多。然而，好事多磨。他们根据图纸进行粗略估算后，发现花费过于巨大，不可能将此方案提交给萨伏伊夫妇。尽管这一方案非常精彩，但由于不可能实现，他们只好回到原点重新设计。

②1928年11月6日的方案

他们认为之前的方案“因为面积过大所以实现不了”，因此将长宽4个柱间距减少为3个。

他们还放弃了自己颇为喜爱的U形的行车动线，改之为L形，除此之外，竟然还去掉了“建筑漫步”中最有魅力的坡道，这重创了整个设计方案。尽管如此一来，建筑面积的确做到了减半，但宽敞住宅令人舒适的氛围也随之消失，取而代之的只有拘谨与小气。这一方案下，光照好、景致美、适合大片草地的住宅已然消失。

③1928年11月7日的方案

“将昨天方案横向较长的比例换成纵向，会不会成功呢？”翌日，两人抱着一线希望进行了尝试。但因为原本就不是设计上的问题，而是面积的问题，结果自然不如意，只得到一个并无起色的方案。唯一谈得上有所改进的，就是令车道变得能够容纳两辆车并行通过了。

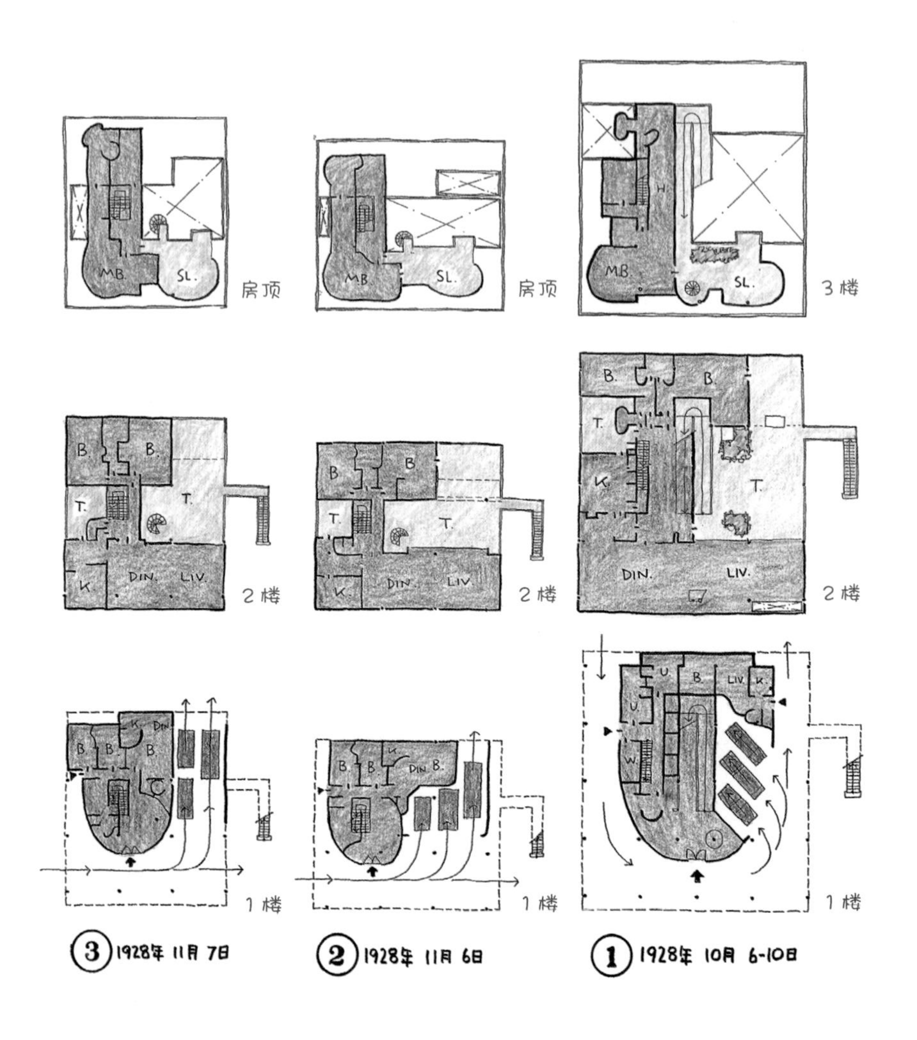

标识

LIV. 起居室
DIN. 餐厅
K. 厨房
MB. 主卧
B. 卧室
U. 杂务室
SL. 阳光房
H. 大厅
T. 露台
W. 洗衣房
D.K.B. 为佣人、司机准备的房间
⬆ 主入口
◀ 次入口

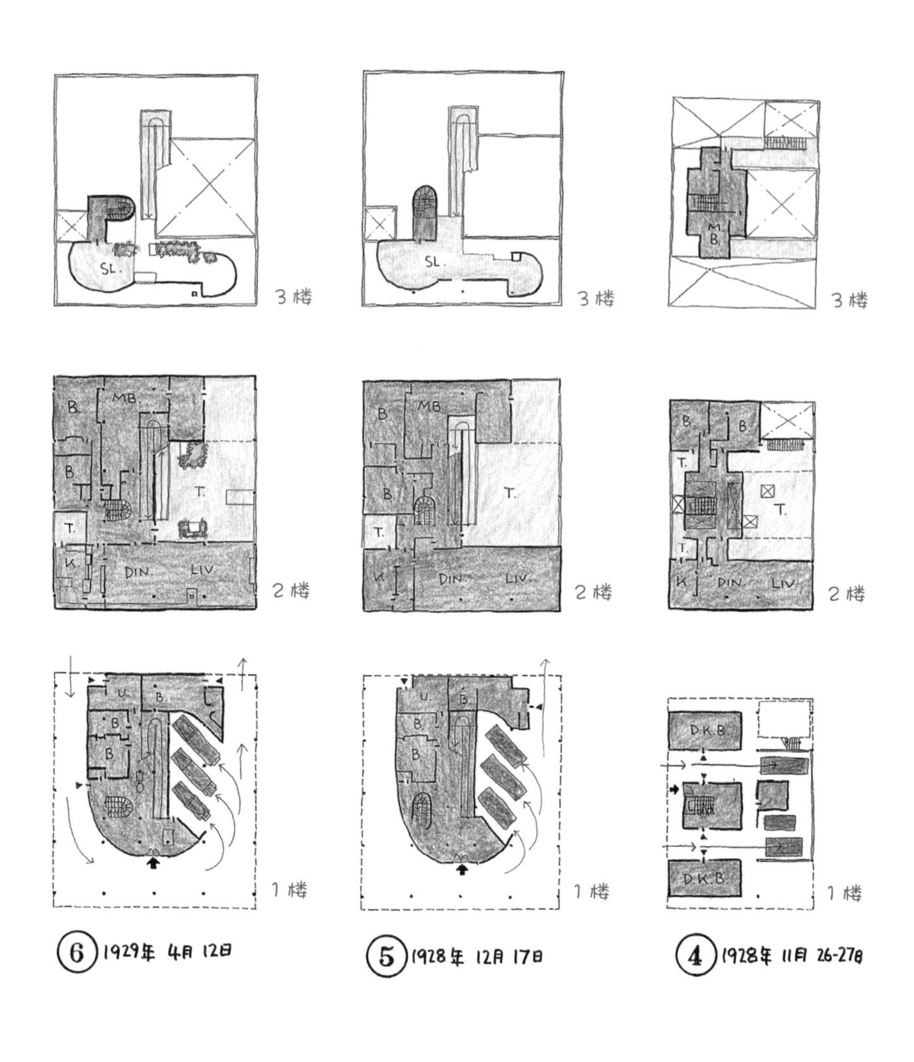

《勒·柯布西耶的别墅：1920—1930》
耶鲁大学出版社（美国纽黑文、英国伦敦）

④ 1928 年 11 月 26 日—27 日的方案

“既然到了这一步，干脆转变心境，从头再来！”“反正都这样了，干脆推倒重来吧！”勒·柯布西耶与皮埃尔·让纳雷是不是有过如上对话已经不得而知，但这两天的设计方案与最初的方案相比，已经发生了翻天覆地的变化。给一楼配上四个小房间支撑二楼，这一设计很有趣，但这会对上面楼层造成影响，失去平面的舒展性，让人感觉不过是“一拍脑袋想出来的”“虚张声势”的方案。起居室、餐厅、厨房的面积比之前所有的方案都狭小，居然只有第一个方案的四分之一大小。

⑤ 1928 年 12 月 17 日的方案

“我们做了这么多方案，还是第一个方案最好啊。我们还是仔细想想，设计一个能使之实现的方案吧……”于是，就诞生了这一回归最初设计的方案。为削减开支，设计方案中，让纳雷写道：“要缩小一楼的面积，就要将建筑整体面积缩小 10%”，还把萨伏伊夫妇的卧室从三楼移到二楼，将三楼变成屋顶花园，将柱子间距从标准尺寸的 5 米变为 4.75 米。通过这些更改，诞生了这一最初方案的修正版。两人认为，这一方案既保留了最初方案的魅力，从预算来看也是可行的，于是赶紧在这一方案的基础上制作展示图纸，于 12 月 20 日送到萨伏伊夫妇手中。

⑥ 1929 年 4 月 12 日的方案

这是实际修建方案。刊登在《勒·柯布西耶作品全集》第二卷的图纸就是这一方案的平面图。这一方案与 1928 年 12 月 17 日的方案相比，其较大的差别仅在于螺旋楼梯的朝向不同。不过，根据提姆·本顿的说法，从 1928 年 12 月到 1929 年 4 月这一方案最终敲定，此间还发生了多次设计变更，例如仅就柱子间隔，就在 4.5 米到 5 米的范围内讨论了多种方案，而整体设计也随之做出多种调整。

读者朋友，您是否也像我一样，感到自己仿佛正站在勒·柯布西耶的身后，看着他进行设计呢？我在实际从事设计时，经常遇到类似场景，因而在写着上述文字时，就不自觉地被带入其中，感同身受。此外，像勒·柯布西耶这样的大师，也会为设计一栋房子而面临重重困难并绞尽脑汁，那么我在每次工作时遇到烦闷、反复与失败，可真是再正常不过了。

14
128 扇防雨门

掬月亭

江户时代（1603—1867）初期

日本 香川县高松市

栗林公园位于日本高松市区南部，是一座回游式大名庭院，历经五代高松藩主，耗费 100 年的时间，于延享二年（1745）完成。庭院借景郁郁葱葱的紫云山，占地面积约为 76 万平方米，园内建有 6 个水池和 13 座假山。到明治（1868—1912）初期为止，这里是高松藩主松平家族在江户的别墅。园内南湖岸边有一座掬月亭，建于江户初期，其结构罕见，无论从哪个方向看都是亭子的正面。“掬月亭”一名取自唐代诗人于良史的诗句：“掬水月在手”。历代藩主均将此亭作为茶室使用。今日，此亭依然可供人们一边赏景一边品茶。

掬月亭一角延伸到“南湖”池畔。亭子美丽的四面坡式屋顶分两段铺着木瓦板，由纤细的木柱轻盈地支撑着。

每天早晨与黄昏，掬月亭都由三名女性动作熟练地打开或关闭防雨门，门板发出让人心情愉快的声音。

从小学一、二年级开始，打开与关闭家中的防雨门就是我的任务。那时，我们住在茅草屋顶的农家房舍，房南边和西边有外廊，呈 L 形。其外侧均有防雨门。为了写这篇稿子，我试着回忆并画出了房子的平面布局，南面的防雨门是 6 扇，西面是 5 扇。在这个过程中，我逐渐想起了小时候开闭防雨门时的感觉：每扇防雨门均有其特点，开合时需要不同的小技巧。

比如，有的防雨门在从门盒中拉出时，需要先用脚尖顶住右下角，将门扭曲的地方纠正过来后，才能拉入滑槽。有的防雨门拉到半道就拉不动了，这时，就需要我踮起脚，攥起拳头，像给人捶肩一样，轻轻敲上几下门框，敲得门框高兴了才拉得动。

要是头天晚上有狂风暴雨，第二天打开防雨门可就是个辛苦活儿了。饱含雨水的防雨门板沉甸甸的，上下门框也因为湿气而发胀，把门拉动到某个位置之后，无论用力推还是拉，门就是纹丝不动。而到了秋高气爽的早晨，防雨门就会变得轻飘飘的，下门框的滑槽变得非常顺滑，任务轻松而愉快，让我不禁想吹口哨。就这样，到我上大学离开老家为止，大约十年间，每个早晨与黄昏，老家的 11 扇防雨门都是由我来打开、关闭。

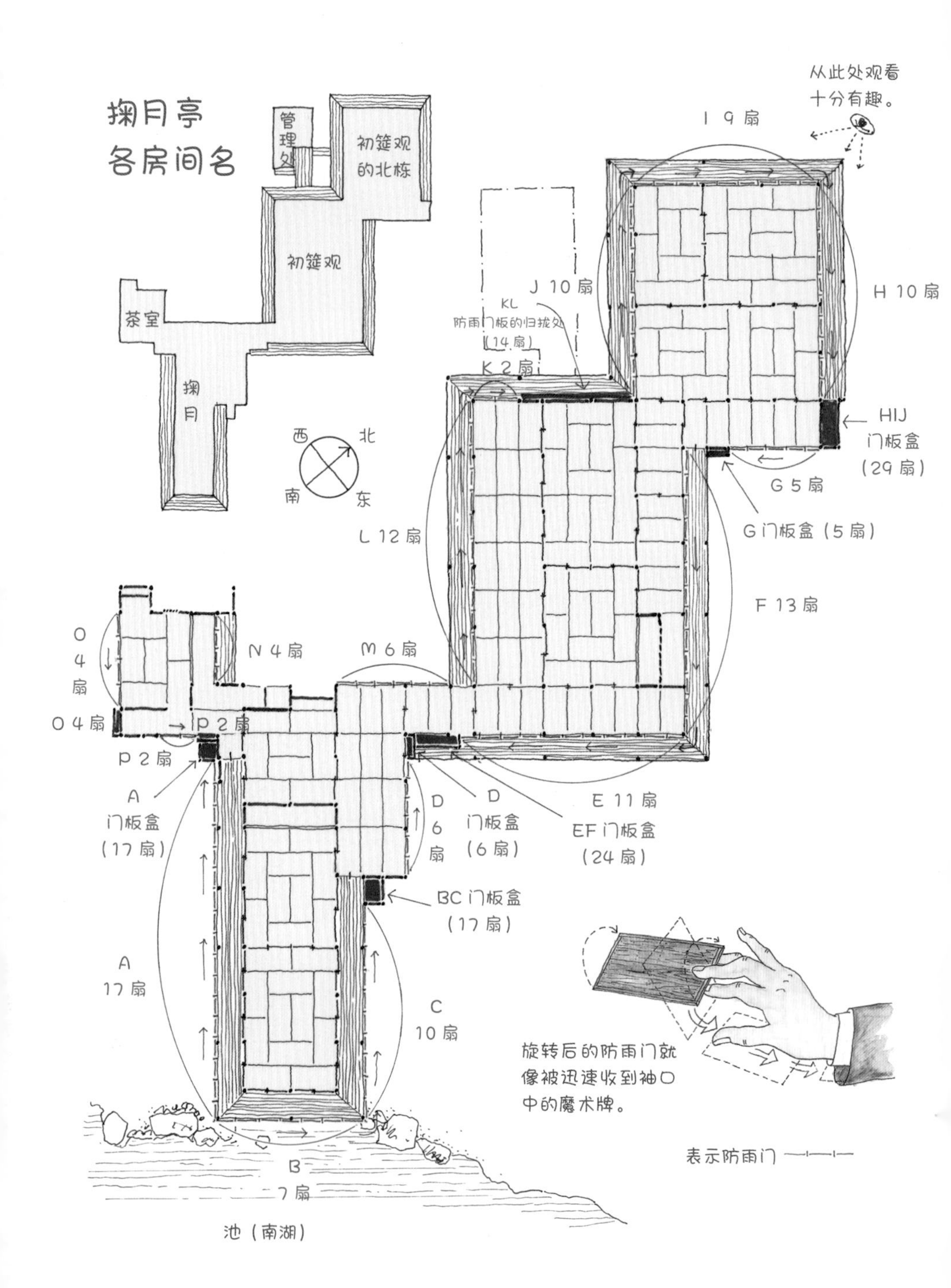

栗林公园掬月亭防雨门分布图

兴许是由于小时候多年开合防雨门的经历，十几年前，当我第一次前往参观栗林公园的掬月亭时，就感触颇深。那时正值傍晚时分，我漫步到掬月亭的附近时，耳中传来非常熟悉的声响：啪嗒、咚、啪嗒、咚。

声响的来源是掬月亭，我走近细看，一位上了年纪的女士正在手脚麻利地拉上防雨门。尽管隔着一道矮栅栏，但由于亭子外廊离栅栏只有 2 米，我得以近距离观看这精彩的关门动作。

随后，我的目光被一幕奇妙的情景强烈吸引：女士将一扇门板沿着北侧走廊直线滑动，到拐角处转 90 度弯后，推到了西侧走廊，到走廊拐角处又转 90 度弯，门板推到了南侧走廊上。防雨门之所以能转动 90 度，是由于在 L 形拐角处的上下门框之间，立了一根圆木棍，仅此而已。门板沿着滑槽滑到拐角处，当大约有一半面积滑出角柱时，此时门板就会啪嗒一下转 90 度弯。比起用语言描述，还是看照片更加直观。

怎么样？这一结构高明吧？多亏这一结构，门板才能从宽敞到可容两到三名成年人的门板盒中拉出后，把围着房间呈凹字形的外廊严严实实地遮蔽起来。

这一幕看得我十分钦佩，问道："这里有多少扇防雨门呀？"

女士淡淡地答道："这里是 29 扇……"

防雨门在房间的拐角处转弯。图片从上往下依次为：①从右上方滑过来的门板通过角柱和圆木棍之间的间隙；②门板通过角柱的面积超过一半；③靠着圆木棍，门板实现转弯；④门板滑向右下方。

听到这一数字，我不禁发出一声惊叹，这时，女士又补充了一句："整个掬月亭有 128 扇防雨门，我们每天都在打开、关闭它们。"

次日清晨，我为观看打开防雨门，而再次来到栗林公园。我来得很早，公园里空无一人，一会儿远观、一会儿近看，我从不同角度端详着拉上了防雨门的掬月亭。

前一天，我刚到公园就被关闭防雨门的情景吸引了，没有来得及仔细品味这座建筑，隔了一夜，我激动的心情平复了不少，这才得以尽情地、近乎痴迷地欣赏着掬月亭笼罩在薄纱般的晨雾中的端庄姿态。木瓦板材质的四坡式屋顶，笔直如锐利刀锋的屋檐，屋顶的面积与开口部之间形成绝妙平衡，连接白砂庭院的低矮外廊……所有要素毫无间隙地完美结合，营造出与众不同的清秀典雅氛围。虽然是一栋以传统方法、传统材料建造成的纯日式建筑，但却带给人现代而锋锐的感觉。它与密斯·凡·德·罗（1886—1969）用钢架和玻璃搭建的现代建筑名作"范斯沃斯住宅"颇有相通之处。不过，倘若稍加思考，其实就会发现这是理所当然的。使用细柱使得结构更为合理与轻盈的"桂离宫"等日本传统建筑被介绍到欧洲之后，对现代建筑运动产生了巨大影响，诞生了以"范斯沃斯住宅"为代表的钢铁和玻璃建筑。或许，比起感叹掬月亭颇具现代感与锋锐感，身为日本建筑师，我更应该察觉，我面对的正是现代建筑的根源，并为此感到骄傲与自豪。

此时，"啪嗒、啪嗒"，一连串悦耳的声音响起，打破了夏日清晨的宁静，宣告了一天的开始。我隔着池水，眺望着掬月亭。防雨门紧闭时的掬月亭仿佛一个严丝合缝的"木箱"，随着防雨门一扇扇被打开，木墙先是出现了裂缝，裂缝快速地扩大，不一会儿，就变成了只由屋顶与地板组成的空旷建筑。这一情境令人颇为感动。如墙壁般的防雨门不一会儿就尽数消失，只留下几根细柱伫立，实在奇妙。我的心情就像恰好看到了破茧成蝶一样。防雨门转着弯，一扇扇被收入板门盒的情景，又好像是魔术师在变戏法，弹指之间，纸牌就没入魔术师的袖口不见了踪影。

多年之后，我再度来到掬月亭。这次是与摄影师筒口先生同行。栗林公园的开园时间为日出至日落时分。早晨开防雨门的时间约为 8：20，下午关门时

从公园枫岸周围越过池塘看到的掬月亭，防雨门处于关闭状态时掬月亭犹如一个大"木箱"。如果要欣赏打开防雨门这个精彩的晨剧，此处为绝佳位置。

间约为 4：30。第一天，摄影从下午 3 点后开始，到傍晚关上防雨门后结束。

我们请管理人员帮忙取下了“掬月间”临近池边部分的障子门，此时，内部空间和外部空间流动地连接到一起，展现出一幅标准的日本传统建筑风光。这是一个从榻榻米地板向外廊延展，并向外廊外部横向无限延展的空间。光线反射到和纸天花板上后扩散，产生的渐变色调的影儿，使整个室内空间充满了静谧氛围。的确，日本传统建筑的空间特点，正是畅通无阻，清幽雅静。就连帮忙取下障子门的工作人员也不禁感叹：“如此观察，又是美妙非凡啊。”如刚才所描绘的那般，建筑外观非常美妙，而室内的魅力也毫不逊色，耐人品味。除绝妙的空间构成之外，精巧的透雕镂刻的楣窗，围在壁龛周围的细木条制手工屏风等，手工艺的看点也非常之多。这些看点令人想到，建筑大师村野藤吾也曾巧妙地仿照、使用过这些手工艺。

第二天，我们拍摄打开防雨门的情景。

十几年前那位女士打开或关闭的防雨门一闪而过的情景历历在目，因此，我希望能拍下那种颇具速度感的照片。听完我的愿望，园区的工作人员面面相觑，相互说道：“啊，那是……”“那是 M 女士”“那肯定是 M 女士”。据他们说，M 女士自 1965 年开始就负责开合防雨门（当然，这应该只是 M 女士工作内容的一小部分），但目前她已经退休，而她那如电光石火一般的开合绝技，如今后继无人。我依稀记得，M 女士说过，她打开或关闭 128 扇防雨门，大约需要 15 分钟（顺便一提，现在需要约 20 分钟）。

最后，我向想要观赏掬月亭（开合防雨门）的读者朋友推荐两处观看地点。一处是初筵观北栋的拐角。这里是近观开合防雨门的绝佳位置。另一处名为“枫岸”，位于绕过建筑物的西北侧的池畔。在此处，可以隔着池水，眺望日本传统建筑令人惊叹的变化情景，还能观看到掬月亭在远处紫云山的映衬下，宛如母亲怀中的孩子，充满令人安心的舒适氛围。

而与我同行的摄影师筒口先生，正是在此处支起三脚架进行了拍摄。

15
以修复为名的炼金术

卡斯特尔维奇奥博物馆

| 设计 | **卡洛 · 斯卡帕**

1964 年（古堡建于 14 世纪） 意大利 维罗纳

14 世纪，维罗纳的统治者斯卡拉家族建造了这座古堡。历史上曾作为军事设施使用，历经多次扩建与改造，后于 1925 年改造成为博物馆。二战中曾经一度被荒废，后经古建筑修复大师卡洛 · 斯卡帕之手，面目得以焕然一新。卡洛 · 斯卡帕出生于威尼斯，在威尼斯建筑大学任教授的同时，从事大量美术馆的改建修复工程以及展览规划工作，并承担了十多次威尼斯双年展展示空间的设计工作。1978 年，卡洛 · 斯卡帕在访问日本仙台时意外身亡。其代表作有奥利维蒂陈列室、布里昂家族墓园等。

位于古堡东侧一楼深处的展览室。微暗的展室内，展品得到有效地陈列。围在一个可窥见古堡地下原貌的洞口周围的栏杆、正门口由铁条编制的格状拉门等，都可从细节品味到卡洛·斯卡帕独到的精致。

对自然光线的处理，是这次改建修复工程中的一大课题。在这两个纤细且古色的拱形结构的内侧，镶嵌着以蒙德里安构图法分割的窗框。

您知道意大利的建筑大师卡洛・斯卡帕（1906—1978）吗？

这位建筑大师在建筑界无人不知，但在普通人群中似乎知名度不大，远远比不上弗兰克・劳埃德・赖特、勒・柯布西耶等人有名。其实，就连我这个搞建筑设计的，在上学时也不大了解卡洛・斯卡帕。当然，我好歹是个读过大量建筑书籍的建筑系学生，他的名字我还是听说过的，也看过他作品的图片。不过，我当时并没有被他的作品特别吸引，也没有感到兴奋和激动。我这种心态，一直持续到 1981 年春天。那年，我第一次访问位于意大利维罗纳的卡斯特尔维奇奥博物馆，就在馆内着了魔似的痴迷参观。

卡斯特尔维奇奥博物馆的建筑原是一座建造于 14 世纪的古城堡，经修复改建后成为博物馆，担任修复改建的建筑师便是卡洛・斯卡帕。维罗纳城里，阿迪杰河呈 S 形缓缓流过，横穿古城。古堡博物馆就坐落在它的河畔。当我参观卡斯特尔维奇奥博物馆时，我深深地体会到：只有置身于建筑之中，仔细观察，侧耳倾听，伸出手掌去碰触抚摸，才能真正理解建筑的价值。同时，这座博物馆还让我感受到一种如同“体温”般的温暖，寂静之中似乎播放着无声的音乐。自那时起，卡斯特尔维奇奥博物馆便一下跃入我心，成了我的“意中建筑”，卡洛・斯卡帕

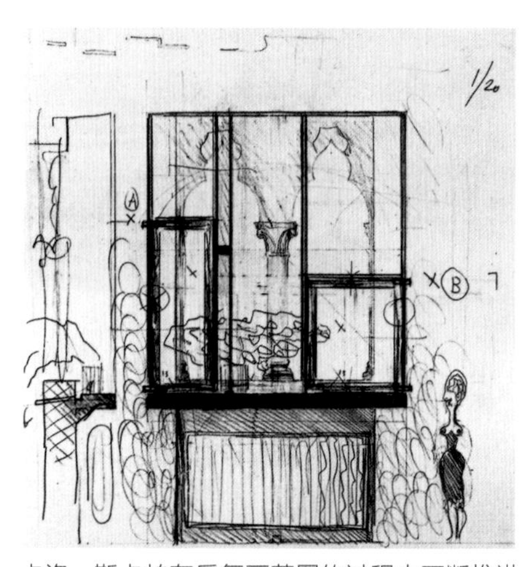

卡洛·斯卡帕在反复画草图的过程中不断推进创意。图中绝妙的窗框设计也是在反复修改图纸后产生的。在草图中勾勒一位女性，以方便定下窗框在建筑中的位置，这也是卡洛·斯卡帕所画草图的一个特点。出自理查德·墨菲《卡洛·斯卡帕与古堡美术馆》。

则成为我尊敬、景仰的建筑大师。

有的经典电影让人百看不厌，有的经典相声让人百听不腻。与此类似，有的建筑，让人在多次参观后还想再去。这类建筑，人们不必去刻意分析、解释、理解，只要全身心地置身其中，就能感到满足，受到鼓舞，让人活力满满，就好像一个富有疗效的温泉。对我来说，卡斯特尔维奇奥博物馆就是一座这样的建筑。当然，这样的建筑也不是百利无一害。它也会有一点小小的不足，那就是，它有一种令人上瘾的魔力，勾着人想要再去，给人造成困扰。尽管我已多次拜访参观卡斯特尔维奇奥博物馆，但最近几年，我的心头不断地涌起一个强烈的念头：再去一次，多花时间仔细品味。之所以产生这个念头，其实我也能想到一些头绪。

十几年前，东京原宿的瓦塔利乌姆美术馆举办了一场“卡洛·斯卡帕展”。当时，电视上放映了一部名为《卡洛·斯卡帕大师的馈赠》的纪录片。纪录片中，与大师一同工作过的工匠们，委托他修复古老别墅并一直住在别墅中的他的客户兼友人等人，回忆、讲述了大师工作时的情景以及大师的为人。

纪录片里，有一对威尼斯的铁匠兄弟，穿着布满油渍的工服，在镜头前热情地讲述。他俩从还是学徒时，就开始用铁、黄铜、青铜等金属材料，为大师制作装饰建筑物的精致配件。一位老妇人兴趣盎然地讲述着她为大师手工编织纺织品的轶事，大师对织品的颜色、花纹等的独特要求很是烦琐挑剔。一位泥瓦匠老师傅缓慢低沉地讲述着他与大师的回忆，他们一同努力，使威尼托地区一度失传的一种名为“stucco”的古老泥瓦匠工艺再现世间。内容结构大体如此，令人兴趣盎然，引人入胜。

朋友把这部纪录片刻录成录像带送给我。我非常珍惜，一有机会就拿出来观看。多次观看后，我熟悉了工匠们的长相、声音以及性格等，也看到了作为

新建的小型展厅，从大大的拱形向院子方向突出一块，赋予立面变化，带来现代感。

纪录片背景出现的他们工作场景的模样。看着看着，我脑中产生了想要再次前往卡斯特尔维奇奥博物馆好好参观的念头。我希望能亲眼确认，古堡博物馆让人感受到的如“体温”般的温暖，以及空气中流淌的“沉默的音乐”，就来自于斯卡帕与工匠们做出的不肯妥协的努力以及默契配合。

我三月上旬从日本出发，进行了一场随性的旅行，走访了古堡博物馆及其他几个建筑。从佛罗伦萨抵达维罗纳的那日下午，我就直奔旅行最大的目的地——卡斯特尔维奇奥博物馆；第二天早上 9 点，我在开馆时间入馆，待了一整个上午，只在中午出馆吃了个饭，回酒店小睡了一会儿，下午又回到博物馆进行“复习”，一直待到闭馆时间才走。也就是说，我在两天时间里跑了三趟博物馆。博物馆虽然规模不大，但许是迎来过许多像我这样长时间泡在馆里的建筑师或学建筑的学生，因此馆员早已司空见惯。任我在馆里拍照、画素描，不时还拿出卷尺量量尺寸，馆员也没有一丝惊讶，落落大方，一幅“请您随意”的态度。

我在前面提过，卡斯特尔维奇奥博物馆由城堡改造而成，其实博物馆共经历过两次改造。第一次是在 1924 年到 1926 年，将之前一直用作兵营的城堡改造成了博物馆。不过，这次改造可谓半途而废，从 1926 年改造后拍的照片来看，会发现这次改造不过是将受损的建筑稍加修整清理，并随意放置了一些绘画、雕刻品。整个馆给人的感觉是在老旧的建筑中陈列着一些陈旧的、积满灰尘的艺术品，即便是恭维，也很难称之为博物馆。

卡洛·斯卡帕开始对古堡进行真正意义上的改造工程，是在 1958 年。工程耗时六年，于 1964 年完成。斯卡帕和博物馆给这场改造制定的原则是：对建筑中具有历史意义的部分、可供人缅怀历史的部分，尽量不碰，使它们维持原样；而对于需要改造的部分，则使用现代化的方法（莫如说斯卡帕风格的方法）进行彻底改造。这一原则十分奏效。维持原样的旧的部分与彻底改造后的新的部分，在材料的质感、建筑方法，以及精神风格上形成鲜明的对比，同时显示出协调。那种豁达的自在感、随性自在的呼吸，让我不禁联想到爵士乐中充满紧张感的演奏，对歌中主客双方连续地唱和。

在意大利，建筑改造工程与修复工程被称为“RESTAURO”。意大利全社会都很关注对古城、古建筑的修复重建，并对此行业评价很高。因此，对于建筑师来说，“RESTAURO”这份工作对个人能力与品位要求很高，具有很高的创造性与价值。斯卡帕全权负责古堡修复工作，具有匠人气质的他自然是全身心投入工作，埋头苦干。据说，他在七十岁之后还依然会每天花五个小时默默对着制图板画草图和图纸。由于这种工作方式，他为古堡博物馆留下了大量速写和图纸。一页一页翻看他的速写，就能看到建筑大师斯卡帕是如何进行思考，如何追求细节，如何解决一个个问题，如何推进设计方案的，这对于身为建筑师的我而言，真是其乐无穷。他的这些素描图并不是特意画给别人欣赏，而是作为一种思考手段而画，正因如此，它们能够清楚地传达出斯卡帕的思考轨迹。当这些素描图具象化，变为建筑空间，变成人们能够触摸到，能够握住的实际物体时，它们是如何打动人心，如何让人深铭肺腑的呢？卡洛·斯卡帕和工匠们共同完成的这场名为“RESTAURO”的炼金术，其本质内容究竟是怎样的呢？

我一边漫步走遍博物馆的内外，一边思考着这些问题。下面是我的一些思考。

从室内与室外对小型展厅进行设计的素描图。想到在屋顶安装天窗，同时思考用什么尺寸的金属件来固定玻璃，斯卡帕用素描来推进设计。

古堡建造于中世纪，正如其名，是个古香古色的城堡。

古堡的外观是典型的中世纪城堡的模样，就像从绘本中走出来的一样。城堡周围挖有护城渠，必须踏上夸张的吊桥才能进入城堡，这越发让人感到仿佛穿越到了中世纪。

整个城堡围绕中庭而建，建筑物的形状就像一把木工的曲尺。卡洛·斯卡帕将之改造成博物馆，形如曲尺的长边，也就是阿迪杰河沿岸的狭长建筑。在狭长建筑的约三分之一处，有条路横穿而过，将之分成建筑的东侧与西侧。东侧与西侧并非正式名称，只是我为方便大家理解而这么写的。接下来，让我们走过吊桥，穿过城门进入城堡吧。

博物馆的入口在东侧的最右边。原本入口位于建筑的中央位置，在改造时，斯卡帕为设计一条动线上毫无冗余的参观路线，将入口移到了现在的位置。由于入口周围非常寂静，大门设计朴实无华，会让初访者心存疑惑："这真的是博物馆的入口吗？"打开朴素的大门（看上去朴素，毕竟出自斯卡帕之手，仔细观察，

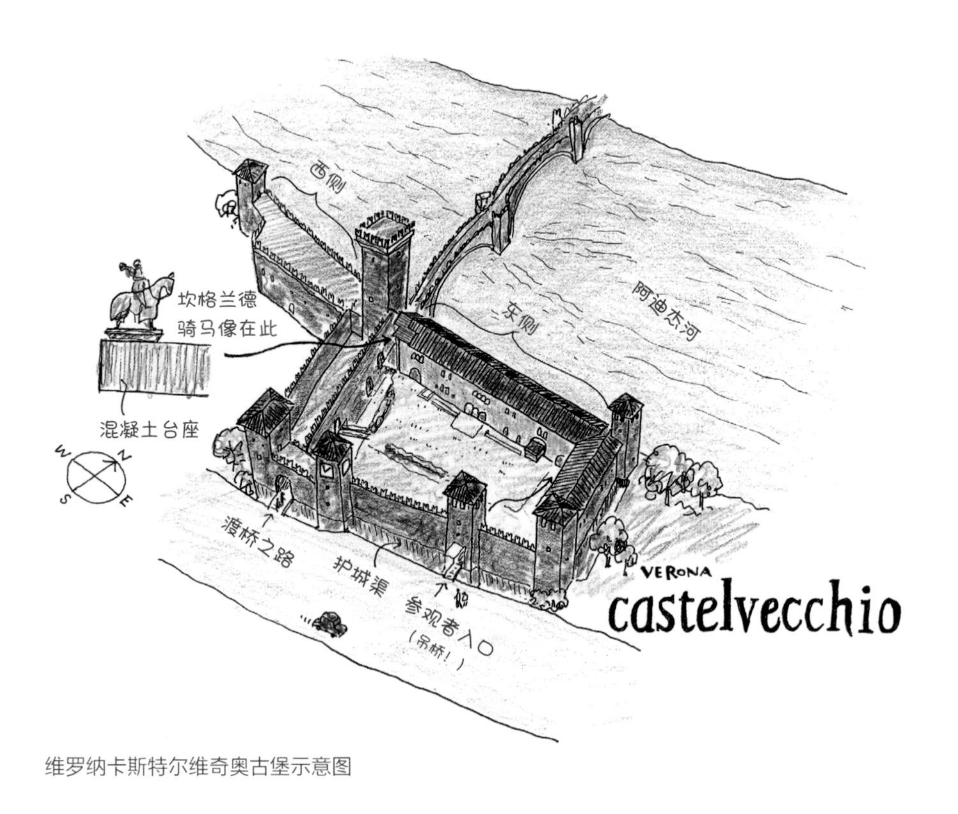

维罗纳卡斯特尔维奇奥古堡示意图

东侧一层被厚实的墙壁分成五个展览室，展览室之间均设有拱形门。美丽的拱形门纵向平行延展，这一美景会瞬间拨动参观者的心弦。

会发现金属把手十分精致）后，就会发现，里面已不再是单纯的古堡，而是一片由斯卡帕凝聚心血打造的、如瑰宝般的建筑空间，是一个寂静和愉悦并存的小型世界。这里洋溢着浓郁的氛围，给人如洞穴般的感觉，很难用语言描述。如果非要形容，那种感觉就像是用上等的天鹅绒柔软地包裹着全身。是的，这个博物馆的内部空间具有一种可以用肌肤感受到的特别触感。

我买完门票，心里想着要赶紧开始参观，可踏进博物馆的展厅后，却迈不动步。我仿佛身体中的制动装置被触发，站在宽敞的拱形入口下面停留了许久。从我的位置放眼望去，可以看到长方形展厅的最深处，我被这景色深深吸引，身子仿佛被定住一般，无法动弹。需要在此处停下脚步，调整呼吸的游客，似乎不止我一人。在我后面进来的一对上年纪的夫妇也在此处停下，站在我的旁边，静静地用心凝视。后来，我想起来，人在踏入佛教寺院、基督教教堂、伊斯兰教清真寺等宗教建筑时，会不自觉地停下脚步，端正仪态，那种感觉与此十分相似。

东侧的一层纵向很深，厚实的墙壁将之划分为五个展览室，展览室之间设有拱形门。站在入口处，目光便会被多个拱形门纵向延伸的美景完全吸引。

拱形门还暗示着，墙壁后方左右两侧还有展品，吸引人们前往。展示空间并

东侧一层的第 3 间展览室。一面让人联想到日本屏风的朱红色泥灰墙，不仅用于展示作品，还发挥着遮住后面卫生间的作用。这个博物馆从展示台到照明，所有物品均由斯卡帕设计。

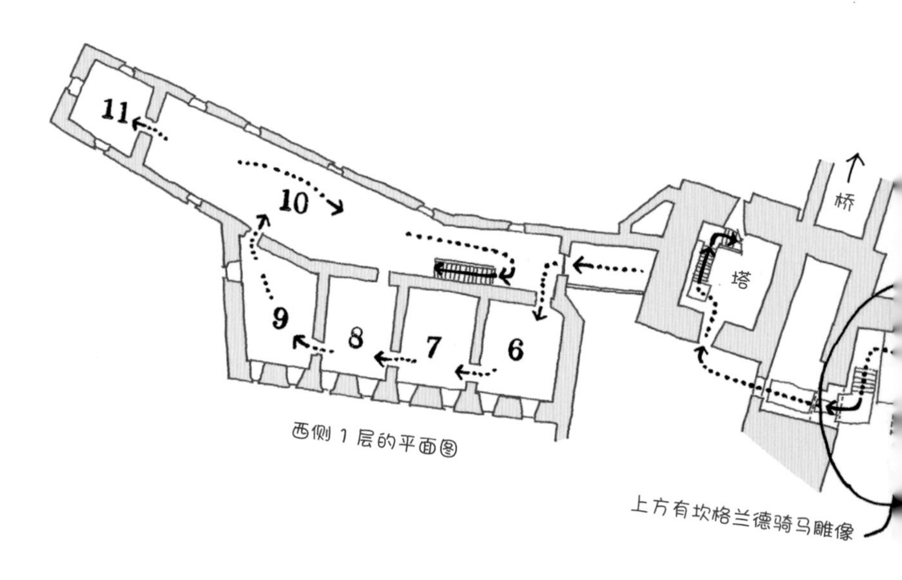

古堡博物馆平面示意图

卡斯特尔维奇奥博物馆的看点不仅在建筑的改造方式上很出色，画作与雕刻的陈列手法也相当漂亮，每个与作品相得益彰的展台以及金属架，都堪称斯卡帕与工匠们出品的瑰宝。

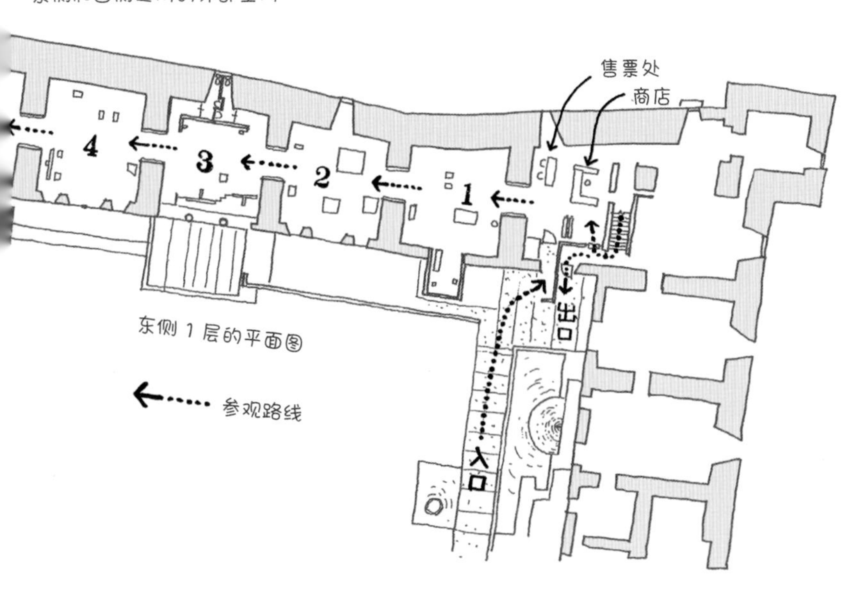

在博物馆参观一圈后，通往东侧一层出口处的楼梯旁，昏暗的空间里，有一段极具魅力的扶手，笔直地延伸到接近地面的位置，等候着参观者的到来。

在出口处，也就是参观者在博物馆踏出的最后一步，有一块中间刨开、做工精细的茶红色大理石，这是来自斯卡帕的问候："再见！欢迎再来！"

非放眼望去就能一览无余，而是由若干个单元空间一层一层纵向延伸，这一点相当迷人。这让我联想到日本电影中贵族宅邸的场景，将一个大厅隔成若干小厅的拉门被打开，分别推到左右两侧，一间又一间的小厅不断纵向延伸，直至最深处。这个博物馆还使用巧妙的展示方法，进一步提升了连续空间的魅力。展示间里摆放着的雕像，就像从舞台左右两侧登场的演员，而那些进入余光视野的其他展品，也纷纷挑动着参观者的心弦。这种陈列方式真是相当令人佩服。

原来如此！假如博物馆的入口位于建筑物中央，就不会产生这般美妙的视觉效果了。我终于明白，为什么斯卡帕要特意将博物馆的入口移到最右边的角落了。

要想知道这种富有创造性的修复方式与展示方法取得了怎样的成功，只要逐个参观展厅就能明白。斯卡帕让参观者依次走过纵向延伸的 5 个展厅，穿过拱形门，进入下一个展厅时，就能看到该展厅独特的建筑创意。例如，新建的小型展厅并不是仅为给古堡增添新貌，而是要通过新建筑与古老建筑的对比，从而使其焕发出一种全新的魅力。另一个展厅中，斯卡帕一方面最大限度地保留威尼斯风格窗户的原貌，同时又在其内侧镶嵌上蒙德里安式的窗框，向参观者展示现代的与古老的窗框重叠的模样。此外，有个展厅里，涂成红色的展示板（其实背后还隐藏着卫生间的入口）为展厅昏暗的空间平添几分华丽。还有个展厅在地板上挖了一个像井一样的洞，让游客参观古堡地下的模样。每个展厅的建筑创意与展示亮点，都与其展品及展示方法紧密相关。先决定好在展厅的什么位置摆放什么展品，再充分考虑好与展品之间的平衡关系，最后决定每个展厅的不同特色以及陈列方式。总之，在卡斯特尔维奇奥博物馆，建筑空间就是展示的一部分，而展示也是建筑空间的一部分。

就连那些不折不扣的建筑要素，如地板上以不均等间隔铺设的大理石边饰，拱形门侧面的厚实石板，支撑着二楼地板的钢筋房梁，泥瓦匠造的淡绿色天花板，有颗粒感的灰泥墙等，换个视角观看，也能变成展品。建筑物与展示浑然一体，使空间整体诞生了绝对的秩序与妙不可言的和谐，让我感到，这里摇曳着清澈而静谧的时光。

前面提到，博物馆被道路分成了东侧和西侧两个部分，对此我再做些详细解说。建筑东侧与西侧的一楼和二楼均有展厅，也就是说，展示空间一共有四大块。要从东侧一层的展厅前往西侧一层，就必须先走出建筑，穿过道路下面的一条通道才能到达。西侧一层展厅与二层展厅之间有内部楼梯连接，但要从西侧二层展厅前往东侧，仍需先走到建筑外面，过外面的桥（在刚才走过的通道上方），才能进入东侧二楼的展厅。从东侧二楼展厅下楼梯，就是出口。以上就是参观者的路线。

在卡斯特尔维奇奥古堡的修复工程中，最费心思又最能展现建筑师能力的地方，无疑就在于如何从建筑方式上解决东西两侧楼间的间隔，而这无疑是以斯卡帕风格解决的。参观者在一层与二层分别各有一次必须走到建筑外面，穿过外部空间，可不能让参观者的兴致在此处消失，既然是难得的室外空间，当然要让人在这里喘口气，换个心情。这个空间发挥着重要作用，用音乐打比方的话，就像一个乐章结束后，进入下一个乐章时那种既有弛缓，又有紧张的间隔。

斯卡帕对这一空间的重要作用当然了如指掌。参观完东侧一层的展示室后，

东西两侧楼的间隔示意图

左　在连接建筑东侧与西侧的吊桥上看到的坎格兰德骑马雕像。此处是观赏骑马雕像的最佳位置。
右　仰望吊桥的空间。通过大片伸出的屋檐与外壁墙角的处理，可以清晰地发现，斯卡帕多使用锯齿状作为设计主题。

推开铁格门旁的玻璃门走出去，会立刻发现，此处便是古堡改造工程的重中之重。自改造完成后，已过去40余年，但还能让人清晰地感受到，这里依然能看出当年大师在设计与建设时所投入的巨大精力。伫立于此眺望周围，仿佛耳边就会听到音乐，那是斯卡帕以炼金术赋予新生的混凝土、经历风吹雨打的板子、磨砂玻璃、生锈的铁、木制格子、各种姿态的石头，还有制作出这些物品的工匠们无言的合唱，汇集在一起，所奏出的一曲庄严的交响乐。

下面，我再介绍一些细节。

斯卡帕决定将藏品中的精品之一——坎格兰德骑马雕像作为这处空间的主角。这似乎就成了这处空间在设计时的决定性要素。查看斯卡帕设计之初所画的素描集会发现，斯卡帕最初想把骑马雕像放在东侧的东面（也就是现在的入口附近），我的目光停留在设计摆放位置及高度的素描图以及模型图片上。然而，在某个阶段之后，骑马雕像被移到了东侧与城墙之间的空间，我仿佛看到斯卡帕拍板："好，就这里了！"从斯卡帕此后的素描图里，也能感受到更浓厚的热情。骑马雕像的基座，最初设计为传统的梯形，后来变成了独特而时尚的造型，随后又推翻了基座的方案，准备把骑马雕像如同篝火一样高高地放在圆柱（从素描图上难以分辨，或许是角柱）上，最后决定把骑马雕像放在突出墙壁的空中高台上。骑马雕像的位置决定下来之后，斯卡帕又画了很多张值得观赏的素描图，描绘出参观者从前后、左右、上下、远近等各种位置，在或走或停的情况下眺望骑马雕像时所能看到的情景。为了让参观者从远处眺望并欣赏骑马雕像与建筑物之间形成的绝妙平衡以及位置关系，斯卡帕特意在中庭的水渠上新架设了一座小桥。

我为骑马雕像花费了过多篇幅，没有篇幅来讲述雕像上方的大屋顶的魅力所在与其结构上的过人之处了。其实，要真写这个屋顶，文章就没完没了了。请大家一定要借助照片和插图，来仔细体会这个屋顶与日本的数寄屋建筑在美学与手法上的相通之处。

对了，日语中有"歌心""绘心"这类词汇。就是人们常说的"因为那个人有歌心""我从小就完全没有绘心"等句子里出现的那些词。"歌心""绘心"都是含义美好的词语，表示在作诗歌或绘画等某个方面具有才能或素养，因此，我一直想把自己造的"建筑心"一词也加入这类词语中。不过，这个词说出口后，我又觉得发音拗口，也难以在现实生活中使用。这次旅行参观了斯卡帕的建筑之后，我深切感受到，所谓"建筑心"，说到底就是让建筑物歌唱的才能。斯卡帕就有这项才能。卡斯特尔维奇奥博物馆以美声高声优雅地歌唱，而我则陶醉于这片歌声与歌心。

在古堡所在地维罗纳，每年夏天，古罗马时代建成的圆形竞技场[1]都会迎来世界级顶尖歌手和管弦乐团在此演出歌剧。下次访问维罗纳时，我要去欣赏歌剧，同时欣赏卡洛·斯卡帕的保留节目——卡斯特尔维奇奥博物馆。

---

1 维罗纳圆形竞技场建于古罗马时期，因作为莎士比亚的悲剧《罗密欧与朱丽叶》的舞台而闻名。如今以举办大型歌剧表演而著称，场内可容纳两万名观众，2000年被列为世界文化遗产。

16
旅途终点之家

檀一雄在能古岛的家

日本 福冈县福冈市

无赖派作家檀一雄（1912—1976）在博多湾上的能古岛度过了人生最后的时光。他在离世 4 年之前，曾与其朋友在此岛上的别墅逗留。那时，他爱上了这座既能看到海对岸的博多市街景，又拥有大自然原貌的小岛。“我想住在自然的地方，或者说能让自己与自然相互适应，直至生命终点的地方”。带着这样的想法，他住进了岛上的一栋小屋。在周长 12 千米的小岛高地上，立着一块檀一雄文学纪念碑。在此处，可看到海对岸是丝岛半岛的小田海滨，也就是檀一雄的小说《律子之爱》《律子之死》中的地点。

玄关旁边的房间，向阳且景致优美。这个房间的墙上，挂着一幅复制的伦勃朗自画像，据说檀先生每天对着画像敬礼。

从博多湾到能古岛，乘坐渡船大约十分钟。听说檀一雄先生经常在渡船上悠然自得地抽烟。船上不过十分钟，而岛上的时钟却仿佛倒转了许多年，在那里，另一种时光正缓慢流逝。我们沿着岛上蜿蜒曲折的小路，登上徐缓的山坡。檀先生的小屋就在山丘的半山腰，它的悬山双坡顶从树林间隐约可见。屋后环绕着小丘，正前方是沐浴着冬日阳光的广阔大海，小屋看上去像正在晒太阳。再加上红色屋顶与暗淡白墙，让人恍惚置身外国风景中。檀先生选择这里，其中一定有对海岛的浪漫向往，不过，我想，一定是此地此屋的风情，一下子抓住了檀先生的心。像这种能打动人心的场所，以及这种场所拥有的能量，建筑师之间常称之为“地灵”或“守护神”。一定是由于檀先生凭直觉感受到了这种能量，所以决定搬到这里居住的吧。

檀先生曾说：“我忠实于自然的旅游心情。”他忠实于自己的旅游心情，在世界各地彷徨之后，作为旅途的终点，来到了这座小岛，这座小屋。

就好像檀一雄这枚回转飞镖，从故乡柳川抛向空中，在空中飞旋，最终降落

庭院看到的美丽夜景，檀先生为这个
家取名为“月壶洞”。

一个晴朗的冬日，坐在外廊上，倾听檀富美女士诉说对父亲的回忆。

到这个能够观赏海景的山丘上。

关于小屋的内外样貌，筒口先生的照片要比我的文字翔实。因此，我更想写一写这栋小屋里充盈的檀先生当年的生活气息，写一写我踏入屋里的感受：环绕在封印了 30 年的空气之中，仿佛坠入了时间峡谷似的那种不可思议。

檀先生移居到能古岛，也有其健康方面的原因，因此，尽管他素来以若不能以自己的方式改造新环境就寝食难安著称，可这次也不能随心所欲，尽情进行“檀流改造”了。然而，即便如此，他还是会亲手做些改造，比如给厨房门涂漆，在玄关处安装信箱，制作门牌，在窗户上安装纱窗，制作厨房的架子和小桌子。我惊讶于这些手工活的精致程度。例如，纱窗上齐整地紧紧折叠着的纱窗网边缘，螺距很小，间隔几乎相同。用现成的木板碎片做成的小桌子，翻过来一看，背后 L 形的金属零件不弯不斜、整齐有序，结实稳固。“无赖派”通常给世人的印象是放荡不羁，无论人生还是周遭都杂乱无章。而檀一雄其实是一个感情细腻、非常认真的无赖派。

“我真想看看，如果父亲活得久一点，会把这个家改造成什么样。” 檀富美女士与我并肩坐在可眺望大海的外廊上，喃喃自语道。

听闻此言，我脑海里浮现出入户路边那块低低的空地，那里正适合盖一间檀先生心仪的火炕小屋，真是遗憾啊。

17
电影《第三人》中的下水道

维也纳的下水道

19 世纪中期 奥地利 维也纳

1949 年上映的经典电影《第三人》，以二战刚结束后的维也纳为背景进行拍摄，由卡罗尔·里德执导，改编自格雷厄姆·格林的同名小说，是一部杰出的悬疑片。片中有一段最为精彩的场景：奥逊·威尔斯饰演的男主人公黑市商人，为躲避警察抓捕而钻进下水道，在纵横交错的下水道中四处逃窜。维也纳早在古罗马时代就已建有排水沟，以 1830 年霍乱大爆发为契机，改造为埋设地下的下水道。由于多瑙河结冰导致河水逆流，扩大了感染范围，导致数千人丧生。如今，该下水道系统配备有高级污水处理系统，可处理包括郊区人口在内的 325 万人排出的家庭污水。

这几年去电影院的机会明显少了。回想起来，十几岁到三十岁出头的这十几年间，似乎是我看电影的高峰期。那时，东京到处都有专门播放经典电影的电影院，只要不时关注上映信息，就可以在这些经典影院里看到古今东西所有的经典电影。那时候，影像出租店还未流行起来，在那个时代，电影就是要花钱买票，进电影院去看的。

我是主张上电影院看电影的。凡是电影佳作和我喜爱的电影，我都会到电影院反复观看。电影院之中，比起专门放映新片的影院，我更青睐放映经典影片的影院。所以，随着后者一家接一家地从东京街头消失，我看电影的次数也就越来越少了。

我会反复欣赏同一部电影，粗略一算，一部电影看十几遍对我来说稀松平常，有些电影我会看三十多遍。其中，我看过遍数最多的就是《第三人》。在我的十佳影片排行榜上，它排到前几名。因为它无论在剧本、导演、演员方面，还是拍摄方面都很出色，音乐也好听，简直是无可挑剔。

这部电影最初吸引我的地方，是它的拍摄手法。它的情节设计也十分精彩。例如，迟迟不让电影中的主人公"第三人"，也就是往青霉素掺水并倒卖的黑市商人现身，在电影的前半部分，通过使人不得要领的、谜一样的剧情推进故事，吊着观众胃口，让观众着急，体验隔靴搔痒的感受。当电影过了一半以后，才终于让第三人（奥逊·威尔斯饰）的侧脸在黑暗中出现，而且一闪即逝，观众刚看了一眼，他就又消失在黑暗中。以奥逊·威尔斯具有冲击力的出场为契机，此前缓慢推进的剧情突然加速，以全速冲刺的节奏前进，直到影片结束。无论看多少次，影片巧妙的情节安排以及由缓到急的节奏迅速切换，都让我钦佩不已。

此外，这部电影中采用独特的推进方式，将场景一幕幕地巧妙连接，这也让我难以忘怀。

都写出来篇幅不够，因此我只举其中一例。我最喜欢的场景如下：临近电影高潮部分，主人公的好友霍利·马丁斯（约瑟夫·科顿饰）帮助警察，以自己为饵，引诱主人公现身，场景充满紧张气氛。

深夜，维也纳笼罩在冰冷的寒气与寂静之中。在一栋楼的暗处，追捕犯人的少校与其手下两个人正在埋伏。这时，街上传来一阵脚步声，在街边的楼上街灯投射出一个大得让人难以置信的人影。啪嗒、啪嗒，人影一步步地走近。"他来了！"二人紧张了起来，埋伏在附近的士兵们也都不由得屏住了呼吸。然而，突

维也纳下水道如网眼般纵横交错，其中通道大小不等，小的勉强能容一人通过，而大的则与地铁隧道相当。照片中的拱形宽敞空间，就是影片《第三人》的拍摄地之一。

影片中奥逊·威尔斯在维也纳的下水道四处逃窜。

然登场的竟然是个卖气球的老人。老人头上的空中，漂浮着一大束气球。老人步履蹒跚地走过来，一眼就发现了躲在门口的二人。然后，老人胡子拉碴的脸上露出极为和善的笑容，低声问道："要气球吗？"眼看目标就要出现，隐藏在暗处的这二人早已焦虑难耐。老人在这里搭话，埋伏岂不是马上暴露？"喂，走开，走开"二人脸上满是焦急，然而老人却不予理会，还递出气球，反复低声问："要气球吗？""真是没办法，你去买一个吧。"听了少校命令，手下从暗处走了出来，向老人买了一个白色气球，然后拿着气球匆匆回到暗处。

接下来，镜头一下转向黑夜中堆积如山的瓦砾堆和毁坏得只剩一半的建筑。此时，屏幕右边，奥逊·威尔斯慢慢、慢慢地爬上了瓦砾堆，他那张苍白的圆脸浮现在夜空中……

让卖气球的老人在半夜登场，向埋伏的军官兜售糊弄小孩的气球，情节设计充满了电影式的悬疑感，让白色气球与奥逊·威尔斯苍白的圆脸重合，一起浮现在夜空中，这种绝妙的场景移动以及缜密的电影式叙事手法，让我从心底激动不已。

电影《第三人》相关场所巡礼

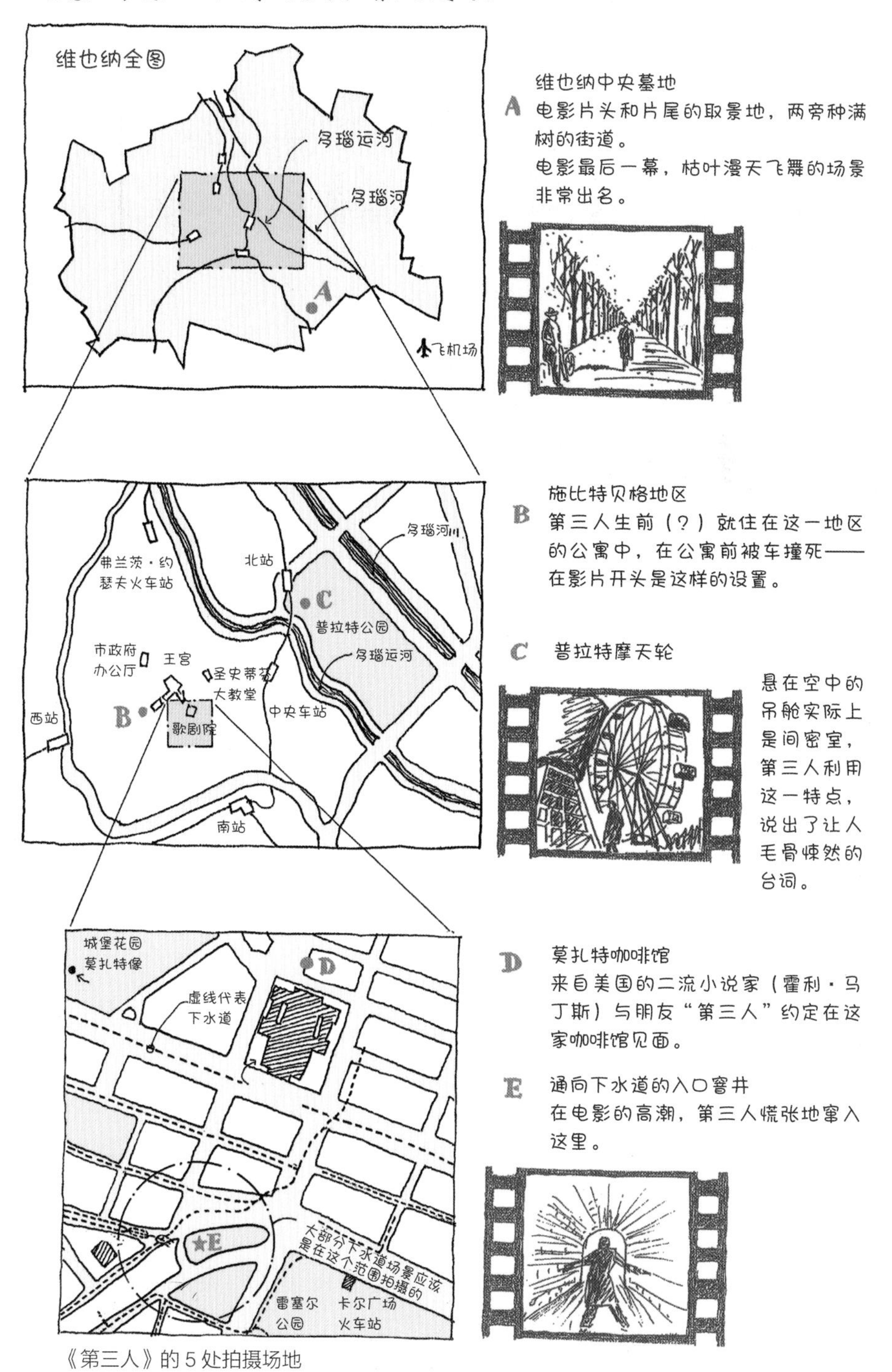

《第三人》的5处拍摄场地

空中的摩天轮吊舱被用作密室，男主角将朋友引诱进密室并进行威胁。这座摩天轮至今依然是维也纳的观光胜地之一。

一边回想电影情节一边写文字，这文章都快变成电影解说了。还是让我们进入正题吧。多次观赏影片《第三人》的过程中，我逐渐发现，这部电影最吸引我的地方在于它的建筑性。或者说是“空间性”。后来，我逐渐强烈意识到，电影精心选取了极为符合故事情节的外景，这些外景场地都很特别，极具建筑性魅力。奥逊·威尔斯在片中将侧脸一闪而过，留下无畏一笑后便逃之夭夭，他现身的那条深夜里的街道，展现了光与影的戏剧性效果。浩瀚夜空中的摩天轮，其吊舱形成了封闭的密室；人们行走的街道的地下，污水哗哗流动，如瀑布般流泻，竟然有这般大得让人难以置信的下水道。在我看来，这些可以说是完美的空间性反讽。片尾处，林荫道、树木与天空交汇，呈现 X 形，这简直是一点透视图法的范本。这些具有建筑性、空间性的场景，不仅提升了电影情节的趣味性，还有力地激发了观众的想象力，产生出这部电影独到的视觉和心理效果。

尤其令我着迷的是，下水道那如迷宫般的空间。下水道中，无数的支流在平面、立体空间中相互交织，形成如蚁巢般的复杂迷宫。这些支流最终汇集到穹顶覆盖下的巨大下水道中。维也纳的下水道长约 2100 千米，最终流入多瑙运河，这长度不可小觑。维也纳的地下，有大大小小的下水道，既有小到弯腰才能勉强通过的，也有大到如同隧道一般的（大小正好比地铁御堂筋线的心斋桥站台大一圈），就像人的皮肤底下那些纵横交错的血管一样。单是如此想象，我就激动得心潮澎湃。因为，这简直就是《爱丽丝梦游仙境》中的世界啊！

奥逊·威尔斯扮演的“第三人”对维也纳的下水道管网了如指掌，在下水道里畅通无阻，往来自如，坏事做尽。讽刺的是，他最后也只能逃入下水道，像瓮中之鳖一样死在这里。以上是这部电影的情节，通过第三人在下水道中四处逃窜，电影将下水道的巨大魅力和立体迷宫般的精彩表现得淋漓尽致。在 15 分钟的电影高潮中，观众跟随躲避追捕的奥逊·威尔斯，穿过狭窄通道，为躲避拿着火把的追踪者而屏住呼吸，身体僵直；在通往路面的螺旋楼梯上爬上爬下；翻过栅栏，从上一层下水道翻到下一层；当站在汇聚众多支流的主干道时，听到多个支流中传来的追捕者的声音而停下脚步发呆；遇到浅滩时小心翼翼地渡过，有时在水中狂奔，使水花四溅。就这样，观众坐在屏幕前，精神跟着电影模拟体验了一把维也纳下水道的空间魅力。或许，这就是电影的功效之一，让人身临其境般地感受真实时间和空间。

不过，模拟体验与亲身体验当然是绝对不一样的。我越来越希望能真的进入维也纳下水道参观体验。终于，2003 年 5 月，我实现了这个梦想，在我憧憬的下水道、梦中的下水道的内部四处走动参观。一个消息灵通的朋友告诉我，早在数年前，维也纳下水道管理局就面向我这类好奇心旺盛的人，举办了名为“第三人：下水道游览”的体验活动。当时我就打算报名参加。然而，由于头一年下大雨，导致下水道中水量大增，出于安全考虑，这场活动不得不取消。

最后，我通过住在维也纳的 O 先生，向维也纳下水道管理局正式提交参观申请并获得了许可，才总算达成了心愿。

我进的那个下水道入口，距离卡尔广场车站非常近，在一个小广场的小角落里，是一个很容易被人忽视的八角形窨井。银色的铁制井盖分成八块，宛如盛开的花朵。打开窨井盖，就可以看到里面的螺旋台阶。电影中的街道上，遍布着这样的下水道入口。其中一个场景便是，士兵们为逮捕犯人，咔嚓、咔嚓地打开一个个窨井，鱼贯进入下水道。下水道管理局的男性员工穿着及膝的长靴，顺着台阶往下走，我跟在他身后，眼前漆黑一片，随即恶臭袭来，熏得我直眨眼。凭借手电筒的灯光，我们继续向前行进。在行进过程中，我突然意识到，这就是电影中出现过的地方。没错，我刚才进入下水道的入口，便是电影高潮部分，奥森·威尔斯窜入的那个窨井。正如我在电影中所看到的，下水道里分布着大小不一、错综复杂、如迷宫般的各种通道。在我们行进的过程中，遇到了电影中流动缓慢、水声低沉的下水道，还有阴暗停滞的水洼，以及上下水道之间的水流瀑布。五十多年前，电影《第三人》拍摄下水道场景的场所，仍旧以同样的状态使用至今。摄影师使用了巧妙的摄影技术，使场景在电影中显得十分宽敞。事实上，我按照回忆中电影里的场景走了一遍之后，推测出摄影是从窨井开始，充其量方圆 50 米的范围内进行的。不过，在如此狭小的空间里，拥有如此丰富的立体空间，这是任何人工布景都无可比拟的。穿过弯下腰才能勉强通过的通道，走到了电影中被半圆筒形天井覆盖的巨大下水道，我感触万千："追着《第三人》，我终于来到了这个地方！"通向右前方的弯曲隧道深处，我似乎看到了穿着黑色长外套的奥森·威尔斯逃走的背影。

您对维也纳下水道感想如何？是有点可怕吧。但是，也感受到了莫名的吸引力吧。很多建筑师想来这里参观，他们的心情也能理解了吧。这部电影曾荣获 1949 年第三届戛纳电影节金棕榈奖，非常了不起。它的导演就是那位执导过《堕落的偶像》的卡罗尔·里德。好了，时间到了，读者朋友们，再见、再见、再见……

18
放松与自然乃大吉

续・我的家

| 设计 | **清家清**

1970 年　日本　东京大田区

为日本战后住宅设计带来巨大影响的建筑师清家清（1918—2005），为自己建造了三代住宅。它们分别是：于 1954 年建成的“我的家”（这栋 5 米 ×10 米的单间住宅在问世后风靡一时），于 1970 年建成的“续・我的家”，于 1989 年建成的“儿子的家”。这三栋住宅伴随着建筑师的人生步伐而建，友好地并排伫立。其中，“我的家”适合年轻夫妻居住，但面积狭窄，为了与步入晚年的父母同住，清家先生又建造了“续・我的家”。清家先生生于京都，著述也颇丰，其中《风水学》（1969 年）一书尤其畅销。其建筑代表作有“森博士的家”“镰仓王子大饭店”等。

一楼客厅上方没有铺设天花板，裸露出支撑二楼地板的梁，营造出一个宽敞空间。这栋建筑采用混合构造，使用了混凝土、钢架、木材三种不同材料和施工法。木制楼梯的对面是餐厅与厨房，清家先生的工作室位于地下。

建筑师中，有的人非常看重自己作品的命名。例如，已故的白井晟一先生（1905—1983）就是其中的一个典型。

白井先生无论样貌还是言行举止，都显出一种清高的哲学范儿，并拥有许多虔诚的拥趸，可谓教祖级的建筑师。其位于东京都中野区江古田的自家府邸，外形就像围在混凝土院墙里的碉堡，白井先生为之取名“虚白庵”。而他晚年时建在京都的和式住宅，命名为“云伴居”。两栋建筑的名字都与建筑本体十分相符，都是在禅宗寺院的基础上加入了西洋风格，拥有独特韵味与魅力。

不过，建筑师也是百人百样。接下来登场的这位清家清先生，就丝毫不爱摆弄学识，1954 年发表其自家住宅时，不仅没有称之为“宅邸”，还干脆叫作“我的家”。1970 年，他在“我的家”旁边接着盖完第二栋住宅后，又随性地称为“续·我的家”。有句话说“人如其名”，这似乎也适用于建筑。他的建筑，都给人轻松、清爽的印象，是我非常喜爱的住宅典范。写到这，我突然意识到，这些是清家清先生的家啊，理所当然是“清爽”的家啊。

“我的家”和“续・我的家”位于东京大田区的雪谷。我曾受委托设计过那里的住宅，在去监理现场的途中，有时我会在两栋房子周围观看，欣赏它们的姿态。

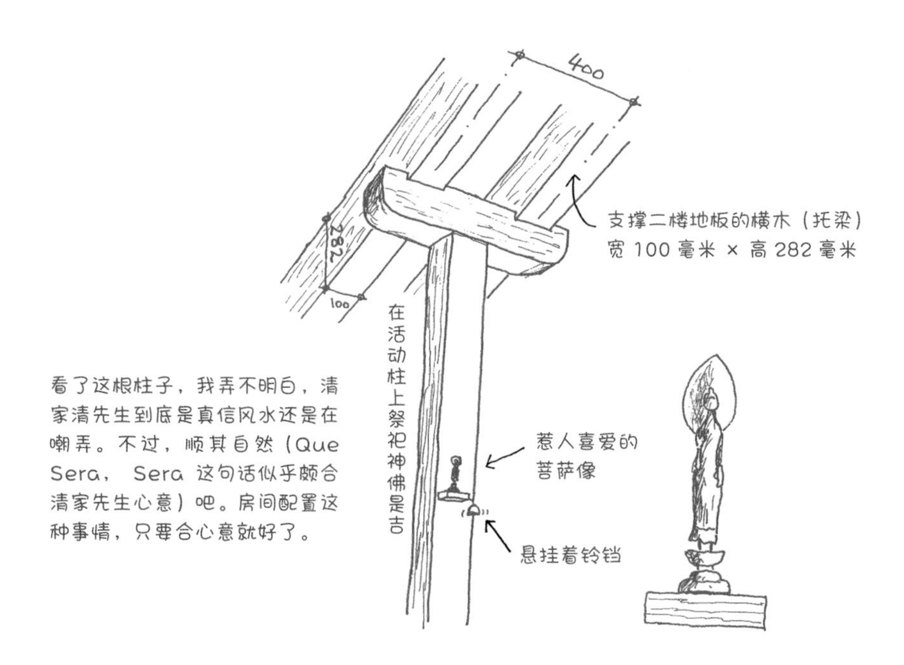

活动柱示意图

1954 年建成的单间住宅的杰作——“我的家”。房屋上方架设了一个集装箱，用来做仓库。

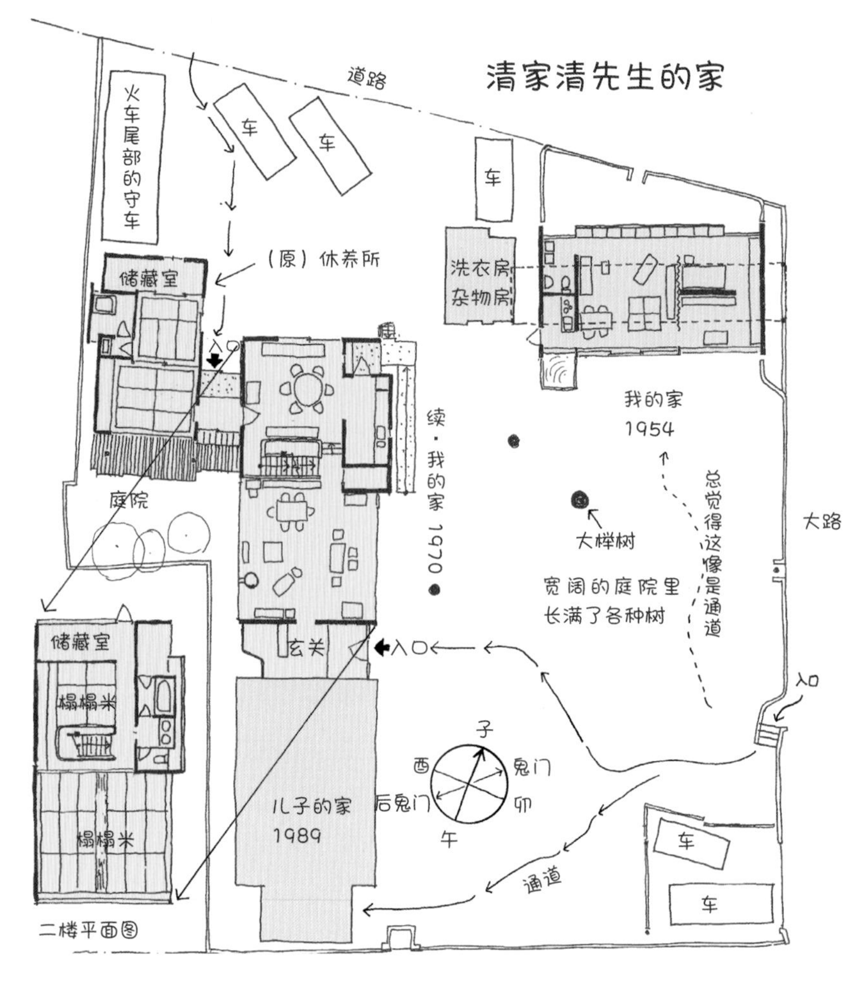

清家清先生的家示意图

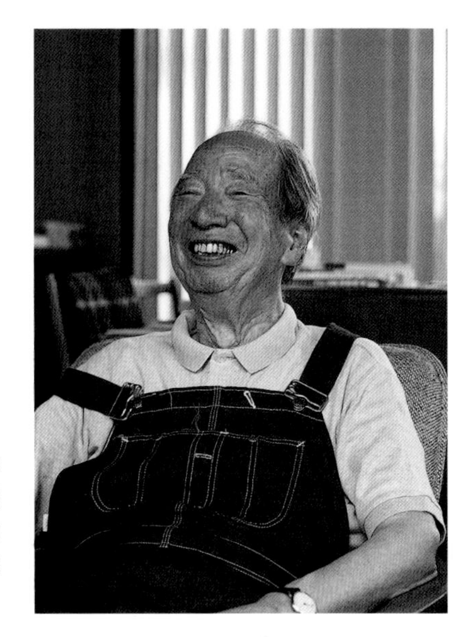

我去采访时，清家先生 83 岁。他笑容满面，说出轻松又幽默的话语，听得人如沐春风。

这两栋建筑都是我从学生时起就很中意的住宅，正是我的“意中建筑”。在清家先生去世的 3 年前，我以采访为由，向先生请求参观他的家，清家先生不仅爽快地答应，还亲自接受了采访。

清家先生是建筑界大名鼎鼎的建筑师，不过可能也会有普通读者没有听过，我在此先做一个简单的介绍。

清家先生毕业于东京美术学校（现东京艺术大学）与东京工业大学，之后进入海军做过飞机库等的设计。二战后在东京工业大学任教，同时从事以住宅为主的设计工作，设计了大量优秀的建筑作品，种类涉及大学校舍、宾馆等。尤其是他在 20 世纪 50 年代设计的住宅，个个都是为建筑史增添辉煌的杰作。他那既灵活又有条理的思维方式，飒爽的设计风格，让我这样的建筑师受到巨大影响。

我想先参观“续・我的家”，而参观之前与清家先生的交谈实在精彩非凡。尽管在此之前，我曾在建筑相关的聚会上，听过几次清家先生愉快的讲话，不过，这次面对面的方式，与其说是采访，倒不如说是先生在讲单口相声。举几个例子：

“我现在啊，是戒烟戒酒戒女人。不过，女性朋友呢，还是可以不戒的。”

“我写过一本住宅风水的书，经常有人来问我，‘你这房子是靠风水建的吗？’我呢，每次都会回答：‘对，是靠风水建的。’因为啊，那本书卖得好，这个家就是靠它带来的版税收入建的。”

“我的第一个家（指“我的家”）里地板用的是石板，一直延伸到庭院，所以能穿鞋出入，就像只有一大间房。不过也有不方便的地方，像落叶啊，灰尘啊，还有各种虫子，也会进到房间来，甚至还会有狗跑进来。所以真正是一大间房。”

他就用这样轻松幽默的风格，不停地说着。

他一边开着玩笑，有时眼神会忽然变得像调皮的孩子，他的笑容发自真心，那么开心。我也被他那不落俗套的说话方式和笑容所感染，情不自禁地笑了出来。

上面介绍的只是一些幽默的玩笑话，其实在他的话语背后，存在着自由飞跃的想象力，能跳出常规看透对象的眼力和感性，以及轻妙洒脱的品格。清家先生曾在自己的著作中写道：“窗户就是装在柱子间的门”“安全的‘安’字，写作‘宀’下加一个“女”字。‘宀’指的是家，所以家里的事由女人掌管是好事，这样才会平安。”他已经养成了一个习惯（或许说“习性”更为贴切），那就是：哪怕对象只是一个词，也一定会按自己的方式去进行解读。

他的这种习惯必然也会体现在他的本职工作建筑设计之中。他的思考比任何人都深入、宽广，除了构造、建筑法、材料等这些建筑专业内容之外，他还会思考生活是什么，居所是什么，家庭又是什么。通过这些思考，清家先生具备了自

通往2楼的精致木质楼梯。在这处住宅中，大方与细腻、西式与和风、现代技术与传统技法以绝妙的平衡并存。

房屋刚竣工时，二楼卧室的模样（1970）。它的宽敞以及用衣柜将空间一分为二的布局方式，令我惊叹。

己独特的信念与主张，并贯彻到自己的建筑之中。据说，基于自身的经验与观察，精通人类所有伦理的人，可称为“道德家（Moralist）”。从这个意义上来说，我想不出来第二个比清家先生更适合这个称号的建筑师了。

清家先生在一本书中提到，住宅是“生活的飞机库”，是“家庭的飞机库”。需要随着家庭的变化和生活的变迁，适当以门窗等进行分隔。前面介绍过，清家先生年轻时为海军建造过飞机库。他说“飞机库与门窗，就组成了我的建筑”，这就是他的“独创理念”。

这就是我这次访问想要亲眼确认的。我想知道，他的“飞机库”是如何建造的，面积有多大，对家庭和生活的变化拥有多大的变通性。

“续・我的家”的外观给人的印象，就像一个现代化的飞机库。它由钢架、混凝土、木材混合建成，出入口敞开部分镶嵌着波浪形的沟形玻璃与固定玻璃。外墙部分用的是加热碳化的杉木板，看起来具有独特的韵味。从选材上可看出，清家先生并不拘泥于常规方法，而是自由奔放地选择方法和材料。遗憾的是，我并不能参透他选择这些材料的正当理由与设计意图。

住宅内部宽阔的空间，更强化了它带给人的自由自在的印象。许多椅子名作、似有渊源的古风家具、大大的书桌上堆积的大量书籍、精心打造的木质楼梯等，每件带给人的不是精心粉饰出的庄严，而是各随其愿，悠闲自在。要达到清家先生所说的“宽松的使用方式”“轻松的生活方式”，无疑首先要营造随性自然的室内氛围。有说法称“有柱乃吉”，因此一楼客厅内突兀地立了一根“移动式柱子”。据说，若是发现柱子放在别处“大吉”，就可将柱子搬过去。这是典型的清家先生捉弄人的做法。柱子上有一个小搁架，上面摆着一尊可爱的菩萨像。

卧室位于二楼。在我之前看过的房间照片上，它是一间铺着榻榻米的宽敞房间。房间中央铺着地板，一个衣柜将房间一分为二。这种空旷感深深吸引了我，使我不禁发出感慨，同时也深深记在心中。比起我之前看到的房间照片，房间里增加了不少物品（这很正常。因为我看到的照片是三十多年前，这座房子刚竣工时拍的），这就更像“飞机库”了。

“续·我的家”中有一个日式隐居屋。它面向围起来的小院，房顶用瓦盖成，这种安静沉稳的环境与氛围的确适合老人。据说，清家先生亡妻的葬礼仪式就是在此举行的（而不是在殡仪馆）。当时，先生将原先隔在大房间中央，将大房间分成两个小房间（一个约 7 平方米，一个约 10 平方米）的纸拉门临时拆走，形成了一个约 17 平方米的大房间。拆走的两扇纸拉门替代储藏室的门板，而储藏室原有的 4 扇木板门则被拿到大房间，在一角搭出一个空间，临时放置日常生活用品。门窗能使用到这种地步，也很明显地向我们证明了“飞机库与门窗，就组成了我的建筑”这句话。

说起葬礼，听说这件事后，我又想起另一个轶事。忘了是在哪里读到的了，按照清家先生的说法，“原本家就是祭奠祖先的地方，也就是说，家是办婚礼、葬礼等红白事的地方，是可以举办葬礼的地方”。而“宅这个字，是容纳之处的意思。”“因此，即使丈夫死在妾之宅，葬礼也不可在那举办，必须回到正妻所在的本家举办”。这个解说可真是既通俗易懂又十分幽默。

清家先生为什么要把自住的房屋命名为“我的家”和“续·我的家”，而不是“我的住宅”呢？这其中的原因，现在您一定恍然大悟了吧。

19
风景中的葬礼

林地公墓

｜设计｜**埃里克·冈纳·阿斯普朗德**

1940 年 瑞典 斯德哥尔摩

林地公墓是位于斯德哥尔摩郊外的市营公墓，分布在占地面积 75 公顷上的火葬场、礼拜堂、冥想地仿佛与周围的风景相融。其设计者埃里克·冈纳·阿斯普朗德（1885—1940）以"斯德哥尔摩公共图书馆"（参见第三章）等建筑闻名于世。在这个墓地的国际设计征集中，他与西格德·劳伦兹（1885—1975）合作的设计方案在 53 个参赛作品中获得第一。墓地从 1915 年开始设计，历经 25 年建成。同年，阿斯普朗德因心脏病突发离世，安葬于此处。1994 年，林地公墓入选联合国教科文组织世界文化遗产。

从入口到有柱廊的火葬场，需要爬一个缓坡。沿斜坡延展的白墙，蓝天下的绿色草坪上，高矗的石头十字架，给人留下深刻印象。

年过四十岁之后，亲戚朋友的葬礼逐渐增多。

最近十来年里，我的父母和岳父岳母相继西去，我敬之为师长的建筑师，最近就连我视为兄长、姐姐一样的建筑师中，也有人离世。

每次参加葬礼，我都会陷入寂寞与悲伤中，脑海中也在思索：“能否从建筑上把殡仪场设计得更好呢？”在追悼会上还想这些，这大概是建筑师的职业病吧。

殡仪场精通顺利举办葬礼的诀窍，无论是妥善安排众多葬礼参加人员，还是后台的动线处理，都做得非常高明。为了能够顺利完成多场连续的葬礼，最为关键的，就是建筑必须设计得有利于提高效率。从这一点来说，可以说在建筑上很成功。但也许是效率太高，反而给人一种像坐在传送带上进行流水作业的感觉，无法安心追忆故人，感觉像坐在哀悼会上忽然身后吹来一阵贼风。

我对殡仪场心怀不满，始于十几年前参观了斯德哥尔摩的殡葬设施之后。那个殡葬场所不知不觉成为我心目中“与故人告别的最理想的场所”。

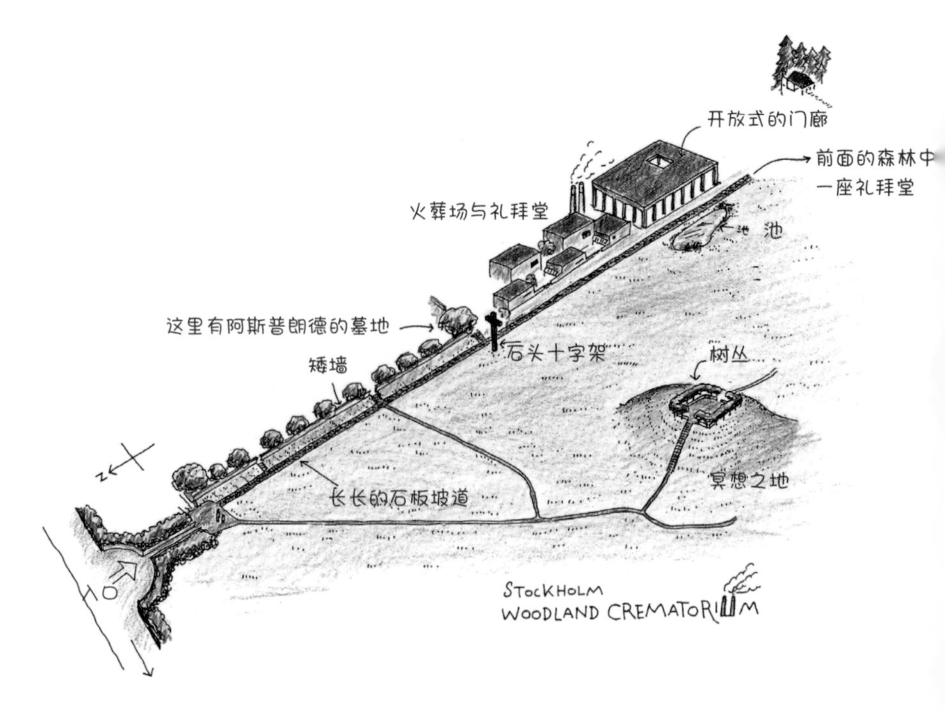

林地公墓示意图

“林地公墓”位于距斯德哥尔摩老城向南 5 千米的郊外，如果从市区搭乘延伸到郊外的电车，大约需要 20 分钟。这里建有面积广阔的市营墓地和火葬场，距此不远的森林里，还建有一座可爱的礼拜堂。

虽然我说参观了殡葬设施，但准确来说，应该是“参观了葬仪的场所，或者说风景”。因为，虽然设施中的建筑物也非常壮丽，值得一看，但最吸引我的，还是该“场所”和“风景”。在这里，似乎让人能听到普通殡仪馆里无法体验的送给死者的安魂曲，它随着空中的风声一起流淌。

墓地的整体规划、火葬场以及森林小礼拜堂的设计者，是本书前面介绍过的“斯德哥尔摩市立图书馆”的设计者埃里克·冈纳·阿斯普朗德。他和建筑师西格德·劳伦兹合作，于 1915 年赢得公墓设计方案国际征集后，一直为此工作到 1940 年，前后花费了 25 年时间。这样，“林地公墓”当然也就变成了阿斯普朗德的代表作之一。

走出林地公墓站的检票口，会看到卖祭扫用花的花店。说句题外话，墓地旁边的花店，无论店面布局，还是店员阿姨、店前的摆设，似乎全世界都差不多。从花店所在的街角右拐，步行几分钟，就到了南斯德哥尔摩公共墓地的入口。低矮的墙垣围着半圆形的宽阔入口，仿佛把访客稳稳地包围起来，引导他们入内。踏上两侧有石墙的通道，视野忽然变得开阔，眼前出现宽阔的草坪和空旷的天空。开着颜色各异野花的草坪斜坡缓缓升高，以抛物线形状通向背后的森林，最终消失不见。通道略微偏左的小丘上，以天空为背景，交叉的方柱组成的深灰色石制十字架孤零零地耸立着，向人们宣告着，这里是葬礼的圣域。往斜坡的右边望去，草原就像一匹鼓满风的布，变成一个圆丘，与十字架相对峙。这个山丘被称为“冥想山丘”，或者“冥想树丛”。山丘顶上，有个低墙围起的空间，墙外又有树丛环绕。这是我第三次参观林地公墓了。第一次到访时，是三月份，树叶落尽，皆是枯木。从远处望去，一枝枝的垂枝，就像耷拉着身子无精打采的人一样。不知不觉间，我的体内涌出一种肃穆的心情，于是赶忙端正仪表。我清晰地记得，被树木环绕的低矮黢黑的围墙，映在我眼中却仿佛似巨人的灵柩。

呼！

走上草坪以后，放眼望去，看到的风景大体就是如此。写着写着，我感觉，不如请大家看照片会理解得更快，而照片上看不出来的，我用素描图画出来给大家看。

笔直通往火葬场的坡道，将大块碎石以不规则形状铺成的石板路。

十字架右边，广阔的草坪就像鼓满风的布一样逐渐升高，造出“冥想之丘”。顶部有个矮墙隔出的小广场，被一丛树围起来。

我们在前往火葬场的路上慢步前行，左边呈直线的白色围墙似乎在陪伴我们同行，又好像在为我们引路。我们沿着由大块石头拼成的石板斜坡向上爬。当石板消失在山丘之顶时，火葬场的柱廊已经在悠然地等候我们的到来了。

前往火葬场送葬的人们也会看到一样的风景，会怀着悲痛的心情踏上石板斜坡，这段路上，人们的心情似乎得到温柔的抚慰，似乎具备一种从心底深处抚平悲伤的包容和治愈的力量。

据说，阿斯普朗德和劳伦兹受到庞贝古城墓群的影响，建造出这条由石块铺成的长斜坡，又受斯堪的纳维亚半岛上维京人坟冢的启发，设计了“冥想树丛”。关于其出处的讨论姑且放到一边，无论地形还是风景，都设计得十分适合气氛肃穆的葬礼。

像这样，利用地形，在周围植上树木，使风景无限接近大自然的建筑设计方式，建筑界称之为“景观设计”，与人造庭园等人为的工程区分开来。景观设计在精神意义上能达到如此高度，让人如此感动的成功案例，至今我尚未发现第二个。阿斯普朗德和劳伦兹这两位建筑师的祈祷以及努力，已经化为了土地精灵，将永

森林礼拜堂

远守护着这片土地。哪怕我称之为“景观设计的奇迹”，只要来过这里的人，肯定不会嘲笑我的说法夸张。

我不知不觉兴奋起来，指尖开始冒汗。接下来，让我们去宁静的森林中散散步吧。

穿过火葬场的柱廊后，路变成了缓缓的下坡路，仿佛被吸入林中墓地一样。高耸的松树根部一带，排列着许多墓碑，看上去就像是在晒太阳，十分惬意。或许因为纬度高，太阳直射角低，所以树木的根部也能充分照到阳光。虽然森林茂盛，但却给人清爽明亮的印象，丝毫没有墓地通常给人的阴森感觉。我想，长期在深林生活的北欧人，一定都愿意离世后躺在这样的森林的草地里，在树木的守护下安心长眠吧。刚才提到过的石头十字架并没有安在基座上，而是像直接插在草地上一样，这一定也是为了表达与大地的亲近吧。看着这些墓碑，我自然而然地明白了那样设计的用心。

忽然，我感到旁边有动静，往旁边一看，原来是一位老妇人，正在阳光的照耀下清扫墓地。

这片森林中，有一座由阿斯普朗德设计，于 1920 年完工的“森林礼拜堂”。刚才写到，北欧人一定愿意离世后埋葬在林中，而在埋葬之前，逝者的亲朋好友也肯定乐意在这样的礼拜堂与逝者告别吧。礼拜堂呈金字塔形的木板屋顶设计，据说是以瑞典民宅为榜样。我忽然想到了童话里的森林中的房子。如果生者能相信，逝者在离开童话之家后回到了森林，那将是多么有效的精神慰藉啊。

“森林礼拜堂”建在与火葬场有些距离的树林中，很不起眼。木板屋顶的形状（下）据说是以瑞典民宅为模型。礼拜堂内部（上）风格与质朴外观截然不同，是一片充满幻想色彩的空间。形状像蛋壳内侧的灰泥天花板，将天窗照进来的光线反射后洒满整个礼拜堂。

并排在松树根部的墓碑群。或许由于阳光能照射到树木根部，树林里充满了明朗安宁的氛围。

从质朴的外观完全想象不到，礼拜堂圆顶内侧的灰泥天花板呈半圆形，恰似切开的蛋壳内侧。由于屋顶两边开有天窗，圆顶洒满了阳光，格外明亮。

置身礼拜堂中，我脑海里浮现出刚才在草坪上仰望到的、会让人不自觉地联想到“天空”“苍穹”等词汇、呈北欧特有色调的蓝天白云景象。或许，阿斯普朗德是想通过这梦幻般的圆顶，来暗示天堂吧。

林地公墓工作全部完成之后，那年十月，55 岁的阿斯普朗德因心脏病发作离世，安葬在此公墓中。“林中公墓”名副其实地成了阿斯普朗德献出一生时光与生命而完成的毕生事业。

20
囚禁过众多思想家的雅致牢房

丰多摩监狱

｜设计｜**后藤庆二**

1915 年 日本 东京中野区

日本大正时期（1912—1926）的知名建筑之一。占地面积超过 13 公顷，建有本馆、十字形牢房（二战前专用于关押政治犯）、工厂、办公室等，至 1982 年一直在使用。建筑外墙上的红砖全部由小菅监狱的犯人们烧制。其设计者后藤庆二（1883—1919）出生于东京，1909 年自东京帝国大学建筑系毕业后，进入司法省工作。同年定下该监狱的建设规划，次年开工。后藤在该监狱中率先采用钢筋混凝土地板与房梁以及钢结构的圆顶，被誉为天才设计师。之后还设计了东京区法院，还未落成即因病去世，年仅 35 岁。

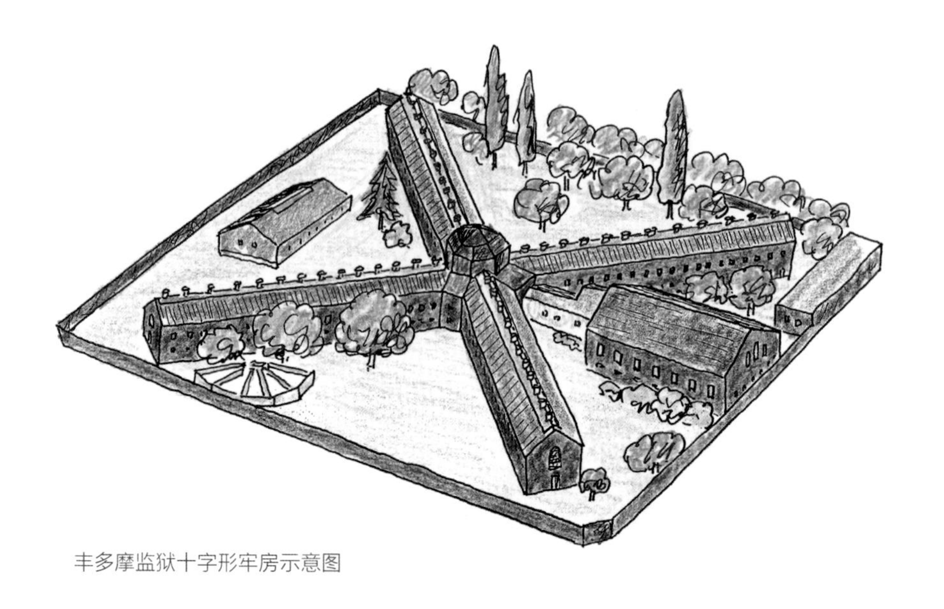

丰多摩监狱十字形牢房示意图

我上学时正赶上学生运动的高潮时期，社会动荡不安，发生了新宿动乱事件、东大斗争、1970 年安保斗争、反对修建成田机场斗争事件、浅间山庄事件等。学生们几乎每天进行集会和游行，与前来阻止的武装警察之间发生争执，经常发生流血冲突。我的朋友里有不少人信奉革命，并拼上性命投身其中，每天戴着安全头盔四处奔走。

而我由于原本就不太擅长集体行动，对斗争这种方式也心存疑问，只会在心血来潮时偶尔参加一下集会和游行。因此，戴头盔的朋友逮着我就会狠狠批一顿，说我政治意识低，行动怠慢，不参加活动。

学生运动斗士大体可分成两类。第一类是狂热信奉者，有着歇斯底里的热情，兴奋得眼睛变得血红。第二类则始终冷静沉着地观察着，为了自己的信念，每天平静地进行斗争。

理所当然，后者的主张更具有说服力，也能让人产生共鸣。我的朋友 M 君就属于后者，他在一次集会中发表煽动性演讲，被逮捕后关进了小菅拘留所（东京关押所），坐了一年牢。我读大学的第四年，风云一时的学生运动被全面镇压，课业逐渐恢复正常，这时，M 君从小菅拘留所出狱，回到了疲惫而虚脱的同伴们

曾关押过众多政治犯的单人牢房“十字形牢房”的外观。建筑的高度不高，因此不会给人威慑感，窗户整齐排列，比例十分优美。

聚集的破败教室。

M 君在进监狱之前，因常连日参加室外集会和游行，皮肤晒成了浅黑色，而经过一年的监狱生活后，脸色苍白，精悍的面容也显得有些憔悴。那之前，我身边还没有亲友体验过监狱生活，所以我立即兴致勃勃，接二连三地询问他监狱里的情形。那时，M 君的第一句回答让我至今难忘。一个真正喜爱建筑的人，即使是在监狱生活这种极限状态下，依然能以一颗平常心来观察建筑。

M 君回答道：“小菅拘留所充满了空间上的戏剧性，非常了不起！建筑每一处都设计合理，功能性十足，而且还很美观。它是我知道的建筑中最了不起的杰作之一。”他又接着说：“学建筑的人应该去一次，体验一下那个空间以及那里的生活。不过，倒是没必要住上一年之久……”

M 君的话让我领悟到，通过食宿生活来感知建筑空间很重要，而监狱也值得从建筑角度去观察。话虽如此，监狱还是尽量不进为妙，但参观监狱又不是件容易事。当时在场的另一个朋友想碰碰运气，给小菅拘留所打了个电话申请参观，结果果不其然，电话那头不仅毫不客气地当场拒绝了，还狠狠教训了一顿：“你还有常识吗？！监狱岂是能让人随意参观的？！”

“心诚则灵”这句话似乎也适用于参观建筑。

至少我是相信的。我认为，只要是真心想参观一个建筑，就总有一天能够实现。M 君那番话之后大约过了十年，一天，一个好消息传入我耳中：大正时期的知名建筑之一——丰多摩监狱（我参观时已改名为“中野刑务所”）将被拆除，人们只要提交正式申请，就可以在犯人转移完毕后，建筑开始拆除之前去参观。看，我说得对吧？其实，自从听完 M 君那番话，只要碰到有关日本监狱建筑的书，我都会仔细阅读，而不管哪本书，都会以最大篇幅、将最多的溢美之词送给那座“优美的红砖牢房”——丰多摩监狱，它由后藤庆二在年仅二十六岁时设计，耗费 6 年时间修建，完成于 1915 年。也就是说，突然降临的机会，竟然是参观我国监狱建筑之中最杰出的作品！

根据我当时记事本上的记录，那是在 1983 年 3 月 10 日。那天，阳光灿烂，充满了春天即将来临的气息，是个参观监狱的好天气。

不光因为天气好的缘故，实际进入监狱所在地，看到那些建筑之后，我完全感受不到监狱通常有的冰冷与威慑感，倒更像英国的名门公立中学里寄宿宿舍的氛围。其设计师后藤庆二，被誉为“建筑界的白桦派”，他兴趣广泛，不仅醉心于托尔斯泰和罗曼·罗兰等文学巨匠，还无比热爱绘画和雕刻（据说他最喜欢罗丹，在作为建筑师成名之后，还在给朋友的信中提到想成为一名画家），同时还爱好歌舞伎和能剧，并且通晓谣曲和俳句。

所以，这些建筑里沾染了他的这种文化氛围也就不足为怪了。举个例子，观

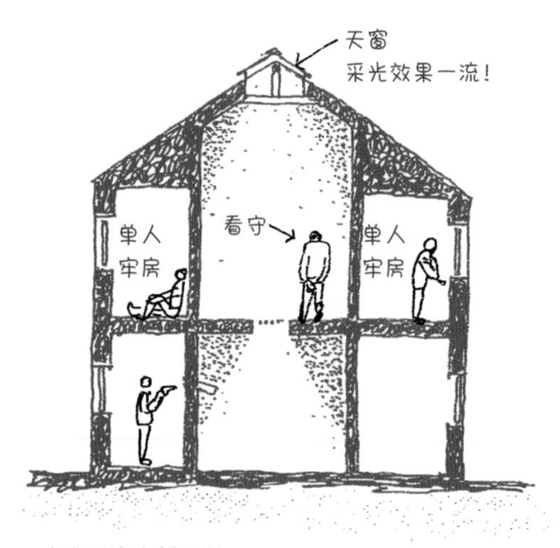

十字形牢房剖面图

“十字形牢房”内景。往看守所在的监视区域方向看，不同于外观带给人的如仓库般的印象，内部是充满来自正上方天窗明亮光线的崇高的建筑空间。

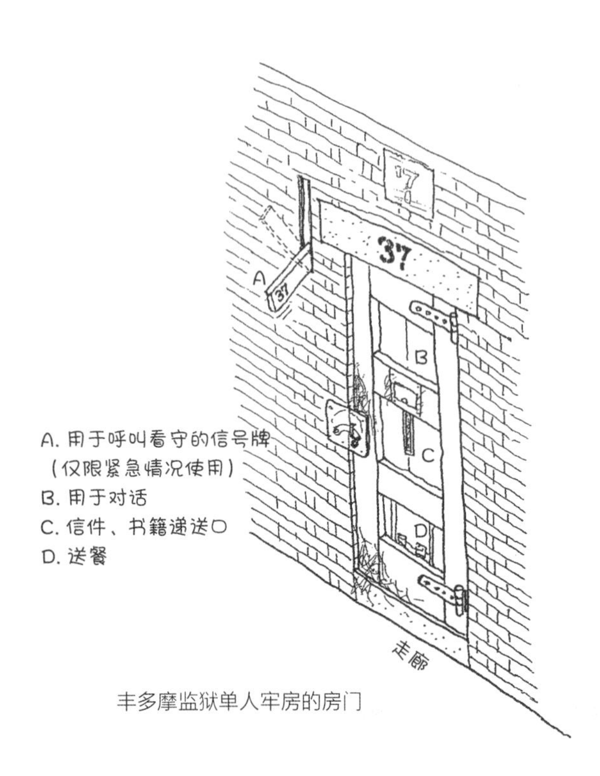

丰多摩监狱单人牢房的房门

看丰多摩监狱建筑群中最重要的建筑——“十字形牢房”的外观，就会发现，建筑绝妙的高度，以及修砌严密的红瓦墙上规则排列的窗户，都十分引人注目。这个建筑比普通两层建筑略低一些，又横向较长，使其看上去更显得低矮一些，丝毫不像威严耸立的监狱，更像是一栋大小合适，按人体尺度设计的普通建筑。这个建筑虽是用来关押犯人的“坚固的囚笼”，也就是“牢房”，但建筑师在设计时精心思考房屋高度，墙面和开口部分的平衡，推敲了砌砖细节，将房顶上的天窗干净利落地一字排开。正是这些精心设计一个个累积起来，将“牢房”升华成为端庄大方的“建筑”。建筑的外观上，砖墙上直接用镂花模板涂上牢房编号（我认为这不是后藤庆二的安排），两个房间一组，将设备、管道并行排列，屋顶整齐摆放的排气扇等，通过这些营造出来一种有规则的韵律，不仅暗示着这里是“用于惩戒的建筑物”，还赋予了建筑生机盎然的表情。我不禁频频赞叹：真是太妙了！

其实，十字形牢房的最大看点并不是其外观，而是令人惊叹的内部空间设计。监狱工作人员带着我们走进内部，脚迈进去的一瞬间，进入视野的是充满戏剧性的空间，来自头顶上方的阳光洒满全身，我们这些参观者不由得异口同声，低声发出惊叹。

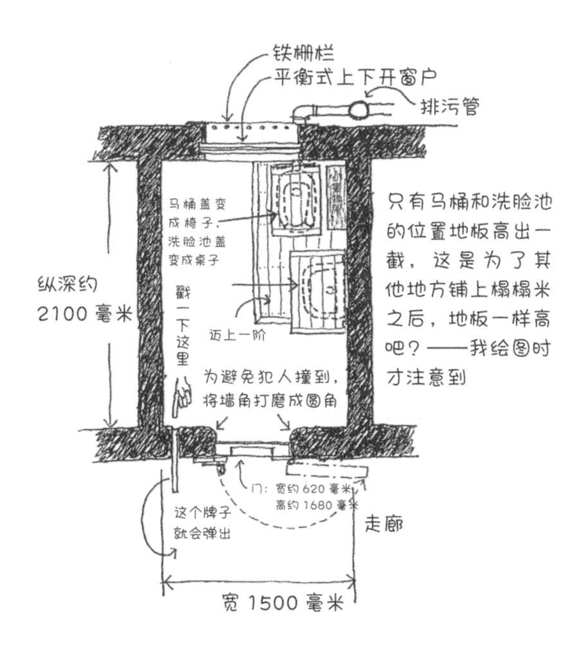

单人房平面图，依照 1983 年 3 月 10 日实测绘制。

之前看到外观时，我想象内部大概是像砖砌的仓库那样幽暗的空间。可是，穿过那扇厚重之门的一瞬间，我的想象被其鲜明而出色的设计彻底推翻。这个空间带给人许多意外的小惊喜！这个场所是多么明亮，多么崇高啊！小菅拘留所的牢房内部应该也有这样的天窗，这一刻，我终于真正明白了 M 君所说的“充满了空间上的戏剧性，非常了不起！”

我再多说几句。后藤庆二如此设计，并不是单单出于追求空间上的绝妙效果。从中心呈放射状排列牢房，这样看守只要站在中间，就可以监视所有牢房。从管理者的角度来说，这种设计非常合理。同样为方便监视，人字形屋顶的屋脊部分全部设计成天窗，令牢房里每个角落都很明亮，另外还能节省大量的照明费用。出于同样的原因，墙面被粉刷成白色，一段时间后变旧时，营造出一种像油画布的底色一般的质感。总之，这栋建筑将实用性贯穿到底，在追求简洁质朴的过程中（在此特别提一句，这个监狱从烧制砖头到所有的建造全部出自犯人的劳动），不经意成就了如此出色的建筑。

我们是在建筑即将被拆除之前去参观的，因此得以进入平时不可能向外人开放的单人牢房。我尤其对人居住的场所和空间感兴趣，在丰多摩监狱最想看的，便是单人牢房的内部。我不确定把单人牢房称为住所是否合适，但毫无疑问这也是“吃饭睡觉”的地方。站在房间里，大概可以想象出犯人在这里过着怎样的生活。房间约有 3 平方米，有一个能看到外面的窗户；有一个马桶，盖上马桶盖就可当椅子；有个洗手台，盖上盖子就可做桌子；墙上还装有一个小置物架。对于喜爱小空间的我来说，这里具备了一个人起居所需的所有空间和物件。走到面积较大的上下开窗户边，就可以看到外面高大的樱花树，挂有花蕾的树枝在风中摇曳着。看样子，这里在樱花盛开的季节能看到满窗樱花，真是个豪华单间。

正是在丰多摩监狱的单人牢房里，大杉荣于 1920 年 1 月给妻子伊藤野枝寄出了那封著名的信件。下面引用该信的部分内容，供大家参考。

“我的房间位于二楼，朝南，只要天晴，整天都能看到阳光。眺望的景致也不错。每天还可以晒两个小时太阳。晒太阳给了我很多帮助。这个监狱的结构跟我以往待过的任何地方都有所不同，跟西方书籍里你熟悉的伯克曼书里的画一模一样。牢房还很新，干净又舒适。”（出自《狱中音信》）

当然，牢房内的生活不会全是这样美好的事情（伙食差、衣着单薄，隆冬还没有暖气），但单就房间本身来说，在我看来，居住体验会相当舒适。

我总觉得，狭小房间带有适合思索的氛围。这个单人牢房也让我强烈感受到了那种氛围。参观完牢房之后过了十年，我到里昂郊外参观了建筑大师勒・柯布西耶的晚期杰作“拉图雷特修道院”。当我看到修道士们日常生活起居的禅房时，我立刻想起了丰多摩监狱的单人牢房。犯人被迫进入的牢房与修道士自愿进入的禅房，两者颇有相似之处，就像双胞胎一样。我深切地感到：两者之所以相似，除了都是“吃饭睡觉”的地方外，还在于两者都是“精神栖息”的地方。

丰多摩监狱从落成时起，到改名“中野刑务所”之后，历史上曾关押过大杉荣、荒畑寒村、龟井胜一郎、小林多喜二、中野重治、埴谷雄高、河上肇、三木清等众多政治犯。最近我还了解到，歌手加藤登纪子女士的亡夫、学生运动家藤本敏夫也曾关押在此。

曾经关押过如此多日本知名思想家，中野刑务所对此似乎也是颇为骄傲。参观时，我曾问道：“单人牢房曾关押过哪些人呢？”对此，监狱工作人员一口气列出了一大串名字。我一边听着，同时脑海里闪过一个为时已晚的思虑（瞎操心？）：在这么有利于思索的空间里关押这些著名思想家，会不会让他们思想得到进一步升华，变得让检方更不容易对付呢？

21
立在森林里的十字架

奥塔涅米礼拜堂

| 设计 | **赫基与凯伊加·塞伦**

1957 年（1978 年重建） 芬兰 奥塔涅米

奥塔涅米礼拜堂建在由阿尔瓦·阿尔托（1898—1976）设计的赫尔辛基理工大学校园内，应学生要求而建，除周日做礼拜外，也举办洗礼、婚礼等仪式。其设计者是赫基和凯伊加·塞伦夫妇（1918—2013；1920—2001）。赫基出生于赫尔辛基，父亲是国会议事堂的设计者。妻子凯伊加出生于首都东边的科多卡小镇。夫妻两人都曾在工科大学学习建筑，自 1949 年起开始合作。代表作有林兹音乐厅、巴黎近郊连续住宅等。现在，其长子继承了他们的事务所。他们一家是芬兰负有盛名的“建筑世家”。

礼拜堂位于奥塔涅米的赫尔辛基理工大学内。将圆木横铺而成的围墙和钟楼令人瞩目。1957 年建成，后来在火灾中烧毁，1978 年，喜爱这座礼拜堂的人们共同努力，按照原样将其复原重建。

通过参观古今中外的建筑，领略不同国家和地域的风土人情，既可以培养建筑师的观察力，同时还有助于形成自己独特的建筑观。换句话说，也就是：旅行的花盆里可以种出建筑思维的花儿。大概出于这一原因，建筑师多喜爱旅行。写着写着，我突然意识到：建筑之旅的范围虽然广到可以涵盖世界各地，可目的地却是有限的。也就是说，旅游路线早已固定下来了。例如，看似环游世界，但事实上如果去希腊就是去雅典，去雅典就是要去卫城。如此这般，参观和访问的地点是相当明确的。因此，建筑师之间聊天，只要说出地名，另一个就能立马判断出要参观什么。举个例子：

一个人说："前几天我去了美国沃斯堡。"

另一个就会马上说："你参观完路易斯·康的'金贝尔美术馆'和安藤忠雄的新作'沃斯堡现代美术馆'，感觉如何啊？"

一个说："下次我想去毕尔巴鄂和巴塞罗那看看。"

另一个就会接："看来你是要去比较弗兰克·盖里和高迪两者的新旧有机建筑啊"。

其中，甚至还会出现只说国名就能立马浮现建筑师名字和其作品的情况。没错，这种情况的典型代表就是芬兰的阿尔瓦·阿尔托。阿尔瓦·阿尔托是芬兰的国民建筑师，他的肖像被印在芬兰的50马克纸币上，他设计的杰作分布在芬兰各地。不仅日本，其他国家的建筑师们也会纷纷前往参观这些杰作，也就是进行所谓的"阿尔托朝圣"。八年前的初夏，我也带着建筑师三件套（即：照相机、素描本、卷尺），踏上了阿尔托朝圣之旅。此前，我常常会提到或者写到自己是阿尔托迷。所以，下面的话我也就只在这本书里悄悄说。当我接连参观了阿尔托的优秀之作、倾力之作、知名之作后，产生了积食的感觉。因为，这些作品都是由伟大的主厨阿尔托全力以赴做出的美味大餐，这些大餐一道又一道地摆到我面前，而且每一盘的味道都相当浓厚，没有格外的能耐，自然容易消化不良。

出于这种原因，当我在芬兰中部参观了许多阿尔托的作品之后，又去探访他设计的赫尔辛基理工大学奥塔涅米校园时，我的参观节奏完全慢了下来。这是我从学生时起就一直想拜访的地方，有许多阿尔托在创作成熟期的代表作，但我已经没有能力一个接一个地一口气看完。参观完一个建筑后，我就得在草坪上静坐片刻；参观完下一个作品后，就得去学生食堂喝上一杯啤酒。就在我坐在林荫下休息，展开校园全景图，想要确定去下一个建筑的参观路线时，我突然想起了那

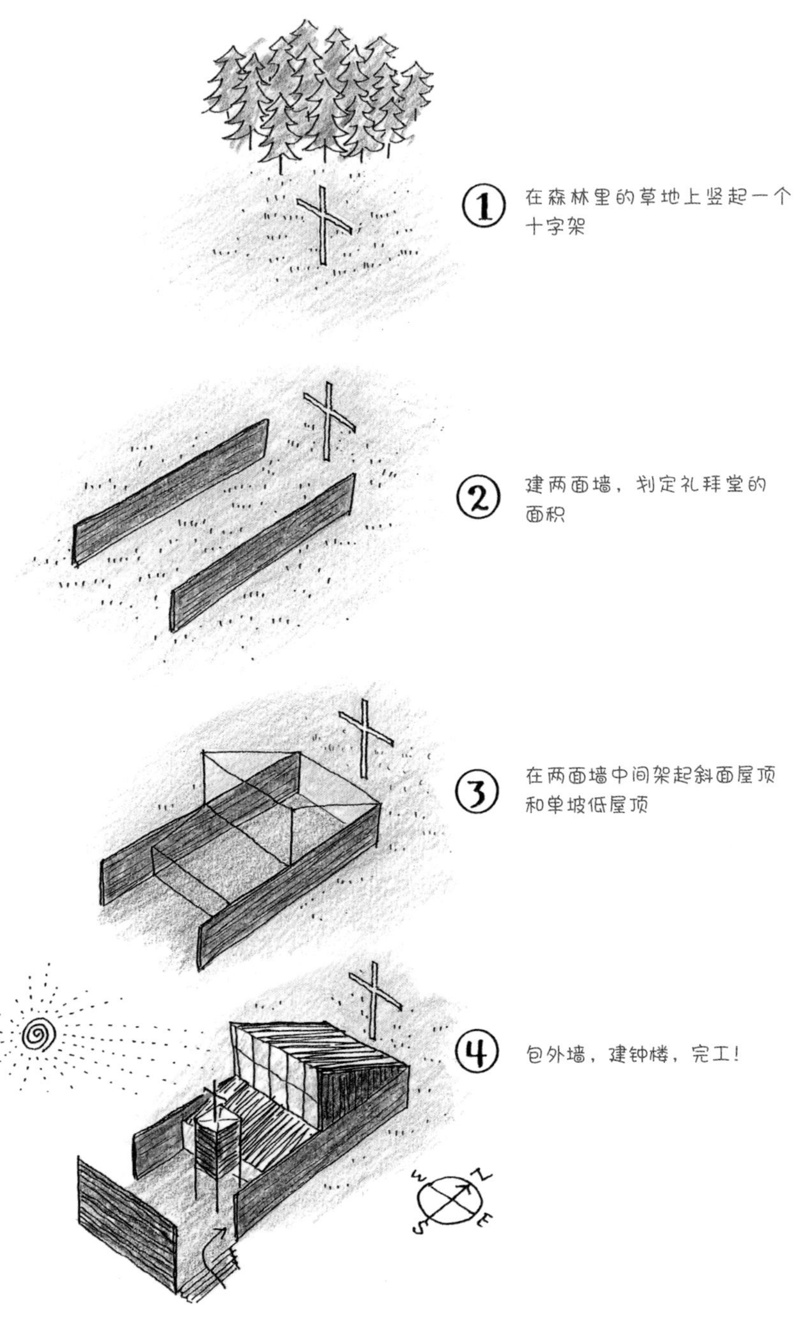

奥塔涅米礼拜堂建造步骤图

十字架以森林为背景静立于小礼拜堂的外部，这
正是这个建筑的亮点。为了不遮挡视线，十字架
前的祭坛采用极其简约的设计。

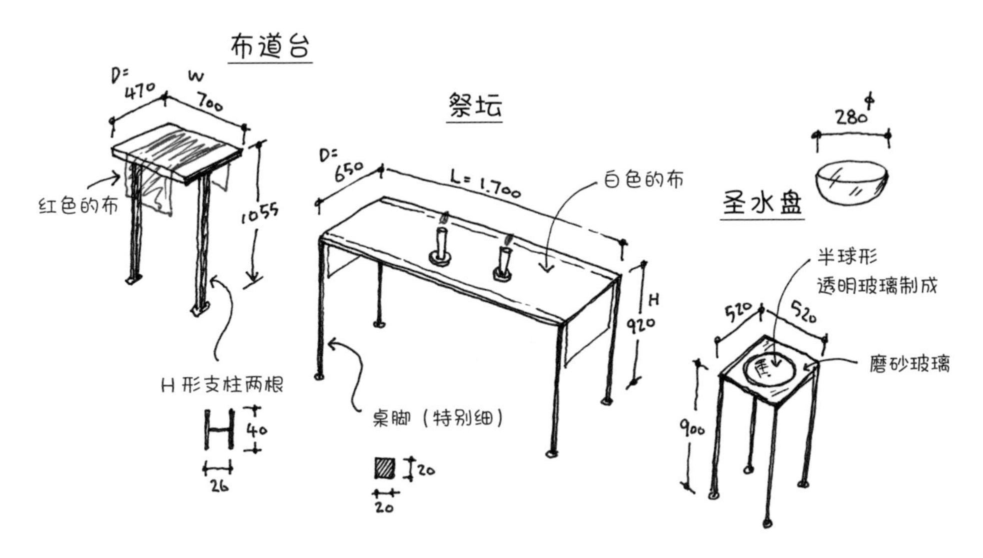

布道台、祭坛与圣水盘

座位于宽敞校园一隅的、赫基·赛伦和夫人共同设计的小礼拜堂。其实我并没有忘记，只是原打算在完成阿尔托全部作品的参拜后再去参观那里。

对了，不如先去看看塞伦的建筑吧！

就这样，我调整了计划，将参观其余阿尔托建筑的计划推后，向着森林深处小礼拜堂的方向走去。

这座建筑全名叫作奥塔涅米礼拜堂，坐落在校园尽头的树林之中，或许称之为“林中礼拜堂”能够更好地传达它的形象。虽说是在校园里，但礼拜堂周围并没有教室、图书馆这些构成学校的主体建筑。树林中零星散落着一些学生会馆和学生宿舍等具有辅助功能的建筑，这些建筑在树林中若隐若现，周围一片静谧。礼拜堂就位于这片树林的尽头，如果不知道这里有一个礼拜堂，外人恐怕无人会来。小礼拜堂的入口也很隐蔽，有点偏离道路且没有装饰，如果不走近，根本注意不到。然而即便如此，只要参观者稍加留意就会发现，路边宽敞的阶梯、用圆木横向堆砌的围墙、朴素的钟楼等，连最细微处都透着设计的精心，这个小礼拜堂绝不简单。

礼拜堂的内部。斜面屋顶由纤细的材料有效组合而成，面向位于祭坛背后草地上的十字架和森林，仿佛在“深鞠躬”。

穿过围墙环绕的前院，走过夹在钟楼和砖墙之间的过道，眼前可以看到低矮而又幽深的屋檐，弯腰潜入屋檐，终于看到礼拜堂。访客一路步行至此，需要经历“围住”“夹住”“潜入”等，行走之中不自觉经历的这种空间体验，事实上发挥了让访客在进礼拜堂之前端正身心的作用。这样的设计在室内依然持续。入口处、大厅的天花板设计得很低，室内昏暗冷清。整个空间的氛围使得所有人都不得不注意自己的言行举止，需要轻轻地行动、小声地说话。来之前我已经提交过采访申请，于是进来后向接待的女性工作人员说明来意并得到拍摄许可。当然，我们的交谈都是轻声细语的。

终于要介绍礼拜堂内部了。礼拜堂内部氛围和刚才低矮而昏暗压抑的空间完全不同，覆盖在斜面屋顶下，充满了明亮的自然光，非常宽敞。左右两面三米左右的墙壁由砖砌成，往上三角形的墙壁部分贴的是松木板。屋顶倾斜下来的部分建有祭坛，屋顶高处则是全面采光的高窗。

建筑规模并不大，也不像阿尔托建筑那样给人浓郁的印象，但它的每一个细节都体现了独特创意，清秀而别具一格，越看越有滋味。说到它的独特创意，最大的魅力便是祭坛的处理和十字架的位置。塞伦夫妇参加 1952—1953 年设计竞赛获胜，因而赢得了礼拜堂的设计，当时他们参赛的主题是“祭坛”，因此，在礼拜堂的设计中，他们最在意的应该就是“祭坛”。祭坛背后的墙壁通常采用封闭式，但是塞伦夫妇没有这样做。他们在祭坛后使用了透明玻璃，将人们的视野延伸至森林深处，礼拜堂的象征物十字架没有设在室内，而是立在森林和建筑物之间的草地上。如此这般，他们构思的顺序大概是颠倒的。以下内容是我的想象：塞伦夫妇看到这块林木葱郁的地基时，就在想“要在这片森林的草地上设个十字架”。他们认为，与其按照常规将十字架设在室内，倒不如将它直接立在地上更加自然。为了固定礼拜堂的范围，仿照面对十字架做“向前看齐”这个姿势时双手的动作，用砖建了左右两边的墙壁，并在墙壁上搭建了斜面屋顶。屋顶的倾斜方向有两种方案，一种是面向入口侧往下倾斜，另一种是面向祭坛方向往下倾斜。前者的方案可仰视十字架和森林，但是为了表示对十字架和森林的敬意，他们选择了后者，这样像是向十字架和森林深深地鞠躬。还必须说一说建筑的方位朝向。

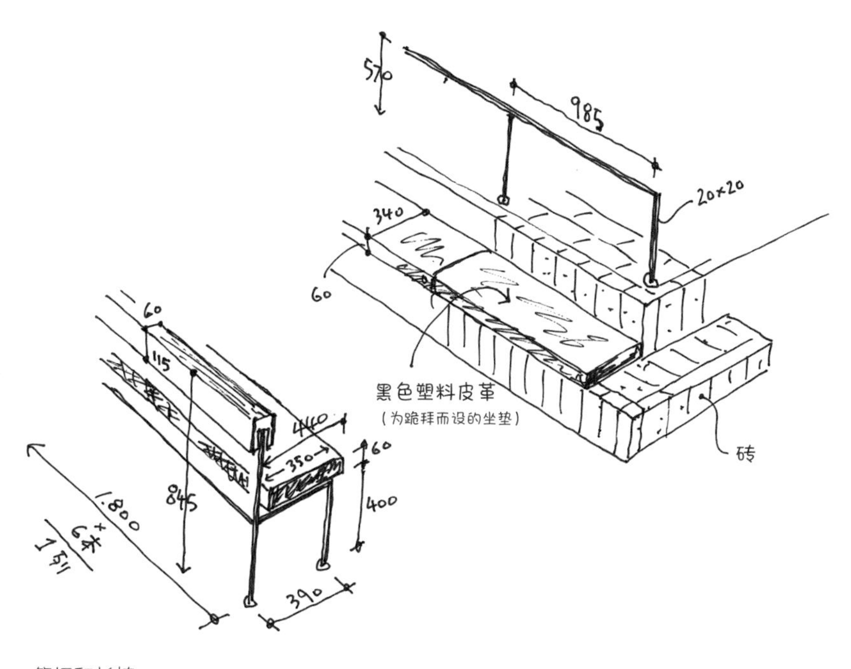

祭坛和长椅

教堂和礼拜堂的祭坛通常朝东，入口朝西。这个祭坛却朝北，入口朝南。这样一来，就可以借南边的顺光看到十字架和森林，同时，礼拜席后面的窗户也能投射进来温暖明亮的阳光，可谓是一箭双雕（参考 225 页）。

前面我用了“清秀”一词来形容这个礼拜堂，现在我想再加上“伶俐”和“清冽”。与阿尔托的作品相比，阿尔托的建筑很“感性”，而从塞伦夫妇的建筑中，我感受到了“理性”和“知性”。如果说前者是“动”，后者则是“静”，前者是“结实”，后者则是“纤细”。

我坐在礼拜堂的长椅上，眺望玻璃窗外的白色十字架与它后面枝叶随风摇曳的树木，感到自己不仅处于一个被剪切的空间中，还处在一段被剪切的时间中。宁静与平和逐渐充满我的心身。我闭上双眼，想要想象下雪的场景。这时，眼睑内侧清晰地留有日光照射的白色十字架，以及它后面绿意盎然的森林。如此一来，即使是没有宗教信仰的我，也似乎理解了礼拜堂的深刻意义与恩惠。

我静静地睁开双眼，映入眼帘的是无比简洁的祭坛。将礼拜座位和祭坛分隔开的栅栏、宣讲台、玻璃制的圣水盘，支撑它们的，都是细得令人难以置信的钢柱。纤细的钢柱涂着黑漆，视觉上更显纤细，细得就像水黾的脚。正因如此，这些东西不会耽误人们眺望森林，有利于将人们的视线引导、延伸至森林。我坐着的长椅也是涂成了黑色的纤细钢脚，仿佛能够轻易地从地面拔起，更加衬托出地面的宽敞，为空间营造出一种漂浮感。

转头仰望天花板，那里也有“森林”。水平和垂直的木材以及斜着的圆钢相组合支撑着天花板，轻快又合理的桁架构造，垂直木材让人想到林立的树木枝干，各种角度斜着的钢线则像圣诞树的形状。突然，一个念头在我脑海一闪而过：这座礼拜堂一定是在献给上帝的同时，也献给了森林。

22
我心中的楼梯间

旗之台站

1951 年　日本　东京品川区

东京急行电车“旗之台站”建于 1951 年。原池上电铁公司的池上线（为方便人们参拜日莲宗大本山、池上本门寺而建）与原目黑蒲田电铁的大井町线（涩泽荣一的田园都市构想中的一环）合并重组后，在两条线路的交叉处新建了该站。车站建筑非常朴素，在战后不久所建的建筑中属于比较宽敞的，后来多次改建，历经半个世纪变成复古怀旧的风格。出于对车站线路高架化、无障碍设施及缓和拥挤等要求，数年前开始陆续改造，不久之后便废止。

这篇文章请允许我写一点我家附近的建筑。

我的工作室位于世田谷区的奥泽，最近的车站是目黑线奥泽站，但东横线的自由之丘站与大井町线的绿丘站也算最近的车站。我的家也在这附近，到三个车站的距离几乎相同，因此，如果我要去涩谷就上自由之丘站，去大井町就上绿丘站，去目黑就上奥泽站，如此这般，根据出行地来灵活选择车站与电车线路。

大井町线上有一个名为“旗之台”的车站，距自由之丘站三站，距绿之丘站或奥泽站是两站，是开往大井町的大井町线与开往五反田的池上线以 X 形相交的换乘车站。一直以来，我默默地以住在东急沿线的人自居，为旗之台站感到自豪。从我 30 岁前搬到这里起算，为这个车站自豪的年头也有四分之一个世纪了。

那是搬过来一个月后的一个早晨，我想在旗之台站换乘池上线，当我走到与站台平行设置的换乘楼梯前时，眼前的景象让我大吃一惊，不由得后退了一步。

那是位于站台长凳后方的换乘楼梯，我本打算跟往常一样，飞快地冲下楼梯，穿过人群，迅速换乘到另一部电车上。然而，在这个出乎意料的地点，一个充满戏剧性的空间在等着我，一下抓住了我的心。我已经顾不上要去换乘，只能痴痴地停在那里欣赏。

这个令我惊叹的楼梯并不是单向通行，从反方向也能下来。也就是说，楼梯整体的剖面是一个角度较大的 V 形，两边行人下楼梯时是相向而行的（上楼梯时是反方向，所以两边行人将背对背，渐行渐远）。如果对面下楼梯的是熟人，就能打着招呼与他越走越近，两人都到了楼梯下方的平台处时还可以握个手。楼梯面积大、坡度小，相对狭窄的站台来说，这种结构非常奢侈。走到楼梯底部的乘客将从那里走进线路下方昏暗的隧道里。

由于这已不仅仅是楼梯，接下来我将称之为“楼梯间”。这个楼梯间的空间高度相当惊人，顶上覆盖着从站台的人字形屋顶上折上去的小屋顶。那个小屋顶用塑料波纹板制成，是个大天窗，透过它，明亮的光线洒满整个楼梯间。

左页　旗之台车站的“楼梯间”。建材、建造法都极为简单朴素，然而它那能照进户外光线的高高的天花板、坡度缓且宽的楼梯，却能带给人奢侈的空间体验。这座我的“意中车站”建设于 1951 年，历经超过半世纪的岁月，彻底消失。

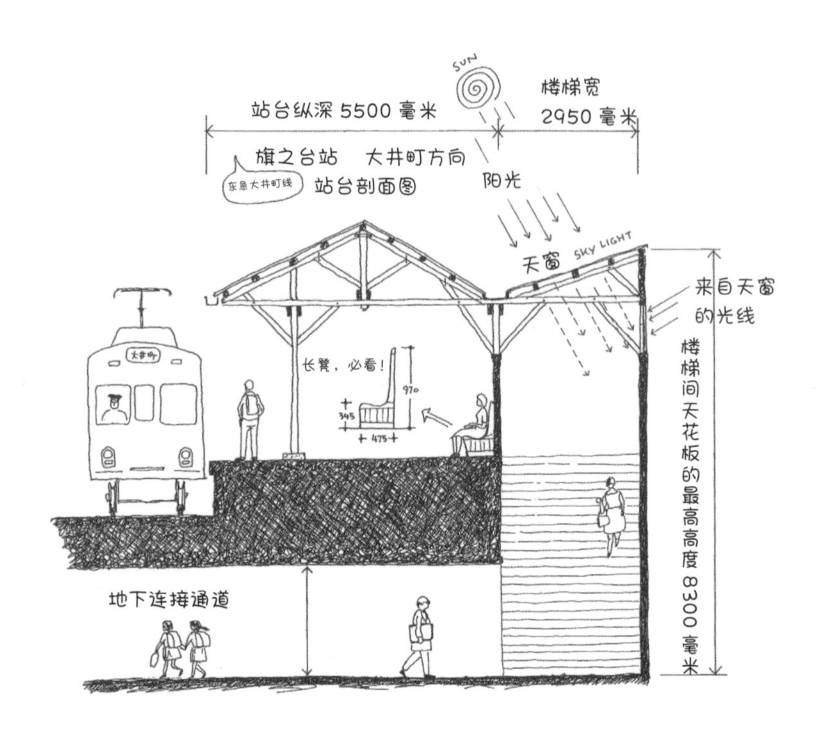

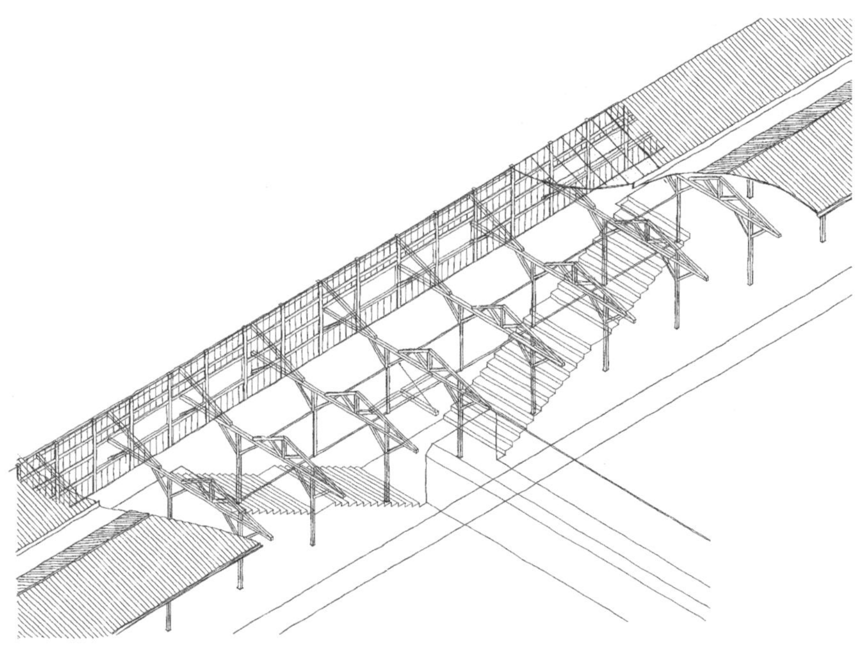

站台剖面图与楼梯间示意图（中村好文、富永明日香绘制）

通往宽敞明亮的楼梯间的路上，需要穿过这条灰暗狭窄的通道。这是一条明暗对比极为强烈的通道。

我呆呆地站在一侧的楼梯口，这美妙的空间让我看得入了迷。这时，周围传来一阵明亮活泼的声音。对面楼梯口突然出现了一群穿着藏青色夹克、灰色裙子、白色高筒袜的女高中生，她们喧闹着走下楼梯。展现在我眼前的仿佛就像电影中的一幕场景，我入神地看着。

从校服可以看出，女高中生是附近教会学校的学生。我便不由得注意到，这楼梯间仿佛有种教堂般的氛围。之前我称之为“戏剧性的空间”，但也许更应该说是“神圣的空间”。秋日早晨爽朗的阳光透过天窗照在楼梯上，仿佛是天堂的圣光照在了祭坛上。

读到此处，您或许会联想到有点规模的教堂建筑吧。为了避免误解，我再做些具体说明吧。例如，透过光线的屋顶天窗用的是最廉价的材料，墙壁腰以上的部分贴的是粗糙的杉木面板，支撑屋顶的结构柱与斜角撑都被漆成了淡灰色。墙壁腰以下的部分虽然刷了灰浆，但用的是“涂刷”这种最省事的方法完成的。也就是说，令我倾倒的旗之台站楼梯间是采用最为廉价的材料，并且用最省事的方法建造的。

旗之台站的站台。固定有木制长椅的墙壁背后，就是那瞬间将我深深吸引的“楼梯间”。

那么，为什么这样的楼梯间却如此吸引我呢？我自己也觉得不可思议。于是，我思索了下原因。

我从学生时就很喜欢的作家今和次郎（1888—1973）书中的内容给我了提示。书中如此写道：

“总之，所谓经过设计建成的建筑里，往往有些拘束之处，而‘小屋’就拥有如完全脱胎于自然一般让人感到舒适愉快之处，从那里可以发现朴素之美。”（出自《赈灾临时房屋的回忆》）

今和次郎在关东大地震发生不久后，考察了灾民们用火灾废墟里的材料搭建的勉强能遮蔽风雨的“小屋”。他一边画着素描，一边思考着小屋的意义，得出了以上观点。

今和次郎所说的“小屋”，是指就地取材，并且未使用任何专业技术的小屋。因此，旗之台站严格来讲并不算“小屋”。不过，在我看来，它完全具备“小屋”

站台上的木头长椅。尽管设计上非常普通，但是它的靠背下端处理成了圆润的形状，让人坐上去更舒适，这里传递出制作者细腻的关怀之情。

的要素。

今和次郎的描述中，最关键的内容在于“经过设计建成的建筑里，往往有些拘束之处，而‘小屋’就拥有如完全脱胎于自然一般让人感到舒适愉快之处，从那里可以发现朴素之美”。我觉得，这句话淋漓尽致地道出了旗之台站楼梯间的魅力。这个楼梯间的空间特点，就是在修建过程中无意形成的。无论是楼梯间的设计者还是施工者，当初完全没有想过要建造一个充满设计感又令人感动的作品。楼梯间这种安闲舒适的魅力，正来源于那种无心插柳。除了无心插柳之外，我想还有一个因素：善意。

除了旗之台站之外，东京急行沿线还有许多早期建成的怀旧车站（推荐有心的人去转一转）。也许有人会觉得这些车站过于陈旧，而我一看到那些无名的设计，眼前就能浮现出建造者们淡然的神情，感受到他们流露出来的、世间最为宝贵的“善意”。这些车站大概是在 1964 年东京奥运会以前建成的，闪耀着美好的昭和时代的光辉。如果我说，这些车站弥漫着昭和时代国民漫画《海螺小姐》[1]的气息，您是否能明白呢？

话题回到旗之台站。其实站台上那张木制长椅，也是一直以来我非常瞩目并喜爱的。它长约 11 米，固定安装在将楼梯间与站台隔开的那堵屏风状墙壁前面。看一眼照片，您就应该明白我所说的“善意”的意思。长椅既不新颖也不奇特，在设计上没有值得瞩目的地方。就是这样一把普通不能再普通的长椅，静下心来仔细观察，就会发现，椅子的座板与背部的连接处做了凹进去的处理，做工十分精细。可以看出，尽管是一把坚硬的木椅，设计者也希望能尽量让人们感到舒适一点。换句话说，长椅的设计让人感受到了温暖与平和。看着这把长椅，坐在上面，能感受到一种被素不相识的陌生人善待的温暖。有这种感受的，应该不止我一人吧。

2002 年春，我想把旗之台车站写进“我的意中建筑”里，于是前往车站，想再一次仔细观察楼梯间。那时，我看到了放在通道角落的临时建筑材料，看到戴着安全帽的工作人员匆忙来往，像是要开始施工，当时就有种不祥的预感。环顾周围后发现，墙上贴着两张告示，上面分别写着“关于旗之台站改造工程”和“完工示意图”，内容是告知乘客，这里将要安装升降电梯和自动扶梯，改造成与以往截然不同的现代化车站。

我明白，车站的确已经非常陈旧，增加无障碍设施也是时代的要求，改造是迟早要发生的。但同时这也意味着，旗之台站作为我的一个“意中建筑”，即将从这个世界彻底消失，因此心情十分不平静。

这让我想起大约两年前，奥泽车站的站台上方，木制斜角撑结构的屋顶被人拆除，取而代之安装上了乏味的现代化钢材框架。当时好一段日子里，我感到气愤不平，内心失落。

看到我失落而无精打采的样子，曾经与我一道前往加德满都实测调查过当地民宅的两名年轻员工立刻去了旗之台站，替我对站台以及楼梯间周围做了实测。

我想把这些实测图、照片，以及这篇文章，都献给我亲爱的旗之台站“楼梯间”。

1《海螺小姐》是日本女性漫画家长谷川町子（1920—1992）于 1946—1974 年间连载发表的漫画，是深受日本人喜爱的国民漫画，作品内容为日本普通家庭的琐事以及日常生活中的热门话题，形象反映了日本战后 30 年间（即昭和年间）社会与家庭的生活。作者长谷川町子因这部作品，成为日本唯一一位获得国民荣誉赏殊荣的漫画家。

23
“华生啊，居住就是生活”

夏洛克·福尔摩斯博物馆

1815 年 英国 伦敦

这座博物馆以著名侦探福尔摩斯租住的贝克街 221B 号为原型设计，于 1990 年开放。阿瑟·柯南·道尔（1859—1930）发表福尔摩斯系列小说时，贝克街的编号还只到 100 号。之后，随着城市发展，街道编号增加，但真实的 221B 是一家金融公司的所在地。据此，很多福尔摩斯迷不满博物馆门口的 221B 不真实。不过，博物馆所在的建筑倒是 1815 年所建，正如小说中的描述，爬上 17 阶台阶就是福尔摩斯的书房和卧室，再往上走，就是华生的房间以及房东赫德森夫人的房间。

那是1888年5月22日黄昏。夏洛克·福尔摩斯站在窗前，吸着他最爱的烟斗，无精打采地望着贝克街上来往的马车。这几个月，伦敦城中非常罕见地没有发生犯罪。没有一件需要调动福尔摩斯非凡的观察力以及洞察力才能解决的疑难事件找上门，因此，他感到非常无聊。逆光下勾勒出的他那消瘦的鹰钩鼻剪影以及弓着背、百无聊赖的身影，这些都如实地反映出，对于福尔摩斯来说，没有犯罪的安稳日子是多么煎熬。

突然，他慵懒无神的眼睛闪出亮光，像猎豹发现猎物一样本能地将脸靠近窗户，开始凝视外面的情况。接着，他用一贯的口吻，向一旁埋在扶手椅子里读着《泰晤士报》的我说道：

“华生，过来看看。能打发时间，又能锻炼观察力的机会来了。你看，马路对面从马车上刚刚下来三个日本人。我不知道你会怎么推断。按我看，他们并不是单纯来观光的游客。从他们紧张又匆忙的神态，可以看出，他们是为了完成一些必须马上解决的工作来到伦敦的。

“其中最年长的男性，是个职业摄像师。那个年纪的日本人里，梳背头的只有摄像师。因为刘海垂下来会影响看取景器，导致无法正确对焦。可别小看这些细微小事，它们能帮助判断对方的职业。

“在看那个睡眼惺忪、带着圆框眼镜，正抬头向我们这边看的中年男人。我从这里就能看出，他是乘坐日本直飞的航班，今天早上刚到希思罗机场的。他眼睛下方的黑眼圈，是坐在经济舱靠过道的位子上一路上不停喝免费酒，睡眠不足造成的。你知道的，我曾在医学杂志上发表过一篇题为《黑眼圈与其形成原因》的论文。当然，他是名建筑师，这你应该也能猜到吧？他夹克胸前的口袋里，插着绘图用的瑞士制圆规和三角板，不自觉地目测着外墙上的砖数。这些细节，都说明他是个建筑师。

“嗯？两个年纪大的先不说了，那个左右交叉背着好几个沉重的包，抱着厚厚的书和资料，嘴里叼着乘坐马车的发票，表情茫然的青年，你说怎么也猜不出他是干什么的？华生，你的眼睛真是不中用啊！那个男的是个编辑、摄像师助手兼旅行杂务员。那大大小小的包裹里，装的肯定是相机、透镜、闪光灯、三脚架和富士反转片。他摘掉了在高田马场的优衣库里买的太阳帽，一边擦着汗，一边向这边走了过来，看这样子是要来求赫德森夫人，要来我房间拍照……话还没说完，就听到他们上楼的声音了。看吧，华生，客人来啦！”

左　夏洛克·福尔摩斯博物馆的外观。门口写着“221B”。福尔摩斯吸着烟斗，从二楼的窗户眺望贝克街。这栋建筑建成于 1815 年。
中　楼梯间。陷入麻烦的委托人上楼时一脸苦恼，拜访完福尔摩斯后，一脸轻松地下楼。
右　福尔摩斯的卧室，给人朴素的印象。

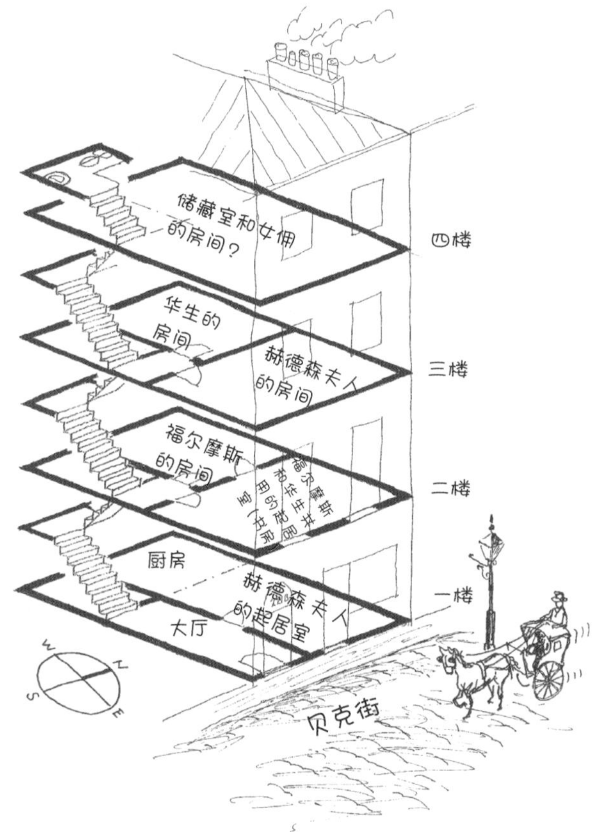

夏洛克·福尔摩斯博物馆示意图

如上所述，这一次，摄影师 N 先生、我以及编辑部的 M 君三人来到了伦敦摄政公园附近的贝克街 221B，夏洛克·福尔摩斯租住的房子。

有一次，我和朋友 K 打电话聊到伦敦，我说道："福尔摩斯在伦敦租住的房子很有趣。"朋友惊奇地问："啥？真的假的？那地儿其实我也去过。那种房子，你觉得什么地方有趣呢？"我一下被问住了，不知该如何回答。仔细一想，的确如此。说是把福尔摩斯曾经住过的房间原样保存下来，变成了博物馆对外展示。但是，福尔摩斯是虚构人物，所以那些所谓原样保存的房间也好，房间里他用过的私人物品也好，都是假的。明知是假的东西，还特地跑去参观，并觉得很有趣。这的确不合乎逻辑……不过，话说回来，因为我从小就爱读福尔摩斯小说，所以觉得这个博物馆有趣，这不也很好吗？

那么，有趣之处在哪里呢？用 K 的话来说，这个博物馆是骗小孩子的把戏，我为什么会被它吸引呢？我必须找出充分的理由，让读者认同："嗯，原来如此啊！"

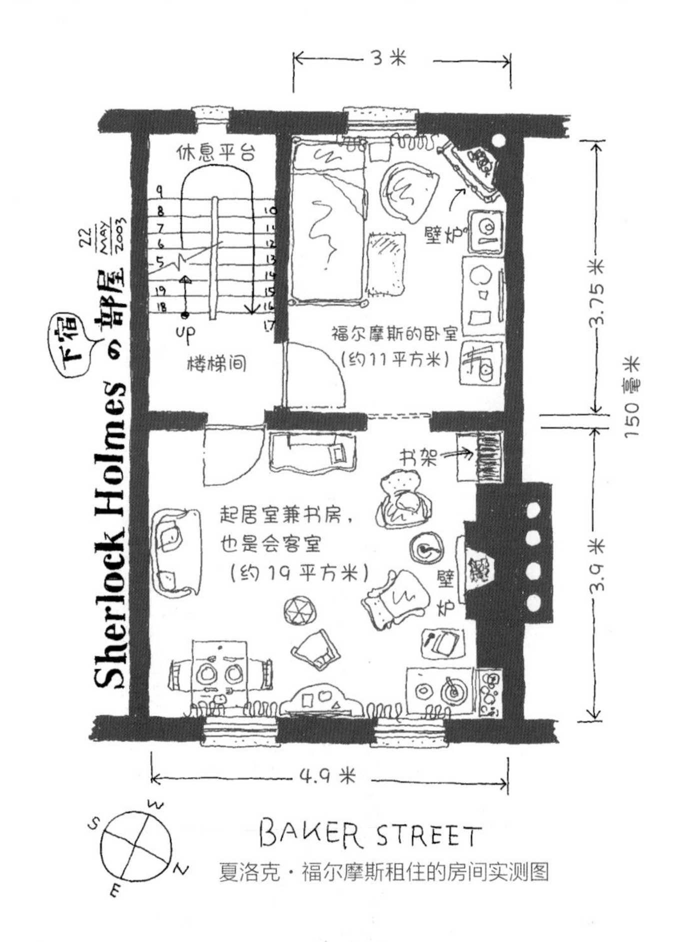

夏洛克·福尔摩斯租住的房间实测图

位于二楼的福尔摩斯和华生共用的起居室兼书房。烧着壁炉的室内，摆放着福尔摩斯迷们熟悉的小道具。这些物品的由来，你能说对几个呢？

Receipt No. 266663
Mrs. Hudson's Lodging Rooms.
221b BAKER STREET, LONDON NW1
TEL: MARYLEBONE 0171 935 8866
Date 1888
To accommodation at the above address for one person. Not including meals and sundries. 5.0.0
Mrs Hudson
Received 1 rent of £ 5.0.0
"All our rooms have private wash tub facilities."

以前的门票，做成了房东赫德森夫人开具的住宿费收据的样子。“兹收取一位住客的住宿费 5 英镑。不含餐费与其他费用”。这种做法很别致吧。

我想，这个博物馆最大的魅力在于，包括房间里的摆设、小道具在内，完美地再现了小说中福尔摩斯所住的房间。如果向完全没听过福尔摩斯的人介绍：“这是一百年前活跃在伦敦的著名私家侦探曾经住过的房间”，他会毫不怀疑这里是有历史渊源的文化遗产。博物馆布景相当不错，而那些带有 19 世纪末伦敦气息的小道具和摆设，都具有不可思议的真实感。福尔摩斯小说的粉丝以及研究者（全世界有许多人仔细阅读并深入研究福尔摩斯小说）被称为“福学家”，对他们来说，房间里的家具、摆放的小物品、随意挂在墙上的装饰品，都是他们非常熟悉的，他们来到这里，会享受到调动相关知识来进行猜谜游戏的乐趣，比如说：“啊，这就是那个故事里所说的那个东西”。这种乐趣，就像是爱好音乐的人们光听曲子开头就能猜中曲名的那种感觉。

接下来，让我从建筑师的角度对博物馆建筑做些分析。这栋出租屋展现了 19 世纪末 20 世纪初时伦敦的住宅情况，这一点让我颇感兴趣。这栋房屋建成于 1815 年，1860—1934 年间注册为出租房屋，无论从建筑学角度还是从历史角度都受到高度肯定，被英国政府认定为二级重要文化遗产。顺便一提，小说里设定福尔摩斯从 1881—1904 年的 23 年间在此居住，这与该建筑真实出租的历史时间正好相符。

在参观博物馆内部时，我第一个感觉就是房间非常简朴。说得直白一些，它造价低廉，是个简陋的住房。说到贝克街上维多利亚时期的砖砌洋房，人们会想到稳重而坚固的建筑。这座房子也就灰色外墙看上去比较稳固，其内部结构总显得单薄。不过，我却颇能接受："原来如此，那个时期伦敦的建筑原来是这样的""这样的建筑也不错呀"。若是按现在日本的房屋标准来说，从隔热、隔声效果，门窗、地板、墙壁、天花板等各种性能来看，它只能算"中下"，最多只能算个"中"。小说情节中，福尔摩斯先找到了这处房屋并且很满意，找人合租时挑中了华生。《血字的研究》里描写了两人一起去看房子的情形。

"这所房子共有两间舒适的卧室和一间舒适而宽敞的起居室，室内家具摆设让人感觉愉快，还有两个宽大的窗子，因此屋内光线充足，非常明亮。无论从哪方面来说，这些房间都无可挑剔。租金方面，两个人分摊之后便更合适了。因此我们就当场成交，立刻租了下来。"

在当时的伦敦，这样的房子已经足够好了。

房子会在住户入住，根据自己的喜好进行布置后，产生不同的价值和魅力。福尔摩斯的卧室，以及他与华生共用的起居室（也用作书房和会客室）位于二楼，这是夏洛克・福尔摩斯博物馆中最值得一看的地方。朝东面向贝克街的起居室经常出现在小说中，因此连微小的道具等细节都布置得十分考究。如果不注意细节，就不能取悦异常执着于细节的"福学家"们了。

坐在福尔摩斯喜欢的扶手椅上，环视屋内，小说里的物品一一跃入眼帘。例如，化学实验器具和药瓶，放着几个烟斗的烟斗架、双筒望远镜、小提琴、泡着毒蛇的酒瓶、用来注射可卡因的注射器、手铐、煤气灯、放烟丝的波斯拖鞋、手杖、猎鹿帽、书架上堆满的各种书籍，以及熊熊燃烧的壁炉中红色的火焰……一件件地看着这些物品，我的脑海里突然想到"男人的房间"。

参观者看到的这些物品，无论看上去多么杂乱无章，对于这个屋子的主人来说，都是无可替代之物，每一件物品都渗透着主人的气息。可以说，这个房间里充满着这个可以充分运用自己的才能和天资，选择喜欢的职业，还拥有各种爱好与精通美学的男人的气息。我甚至觉得，这个男人的脑内结构，就是这个房间的内部结构。我一直认为，居住与生活的方式就是一个人的活法。因此，对于这个满载着主人意志和信念的房间及其摆设，我深受感动。

以上这些，就是我认为夏洛克・福尔摩斯博物馆有趣的原因。前面写了那么多夸赞之词，文章的最后，请允许我以一名福尔摩斯迷的身份，稍微对博物馆提点建议。

几年前，当我第一次拜访时，看到门票做成了房东郝德森夫人开的收据，十分欣喜。可是，之后再拜访时，这类英式幽默与机智逐渐消失，令人遗憾。尤其是一楼的纪念品商店，尽是一些哄小孩的廉价的小商品，让人不忍直视。正因如此，K才会称这里为“那种房子”。应该赶紧处理掉这些廉价之物，取而代之摆放上具有夏洛克·福尔摩斯信念和尊严的商品。例如，制作《血字的研究》《四签名》或者《巴斯克维尔的猎犬》等经典作品最初版本的复印本，印有夏洛克语录的维多利亚时期风格的日历，请伦敦的顶尖裁缝制作夏洛克风格的长披风等，点子要多少有多少。从世界各地的“福学家”发表的研究论文中，精选优秀作品编成论文集出版，这也不错吧。又或者，给参观者出一些福尔摩斯题，得分高的可以获得门票打折（全答对的当然免费）。总之，最重要的是让博物馆成为一个能打动大人玩心的益智类场所，纪念品店也一样，应该摆放一些让人忍不住剁手的商品，才不至于浪费精心布置的二楼房间。这些就是我对博物馆的一些担心和建议。

您觉得怎么样？要不，由我来全盘接手纪念品店的商品策划以及博物馆的运营吧！

24
午睡惬意的家

中村家住宅、铭苅家住宅

18 世纪中期 日本

冲绳县北中城村、1906 年 伊是名村

中村家住宅是曾担任中城“地头职（村长）”的中村家族的宅邸。中村家族有 11 代人在此生活，直到 1987 年。宅邸建在朝南的缓坡上，建有主屋、客房、仓库、牲畜棚等，四周环绕着为防台风而种的福木，以及用琉球石灰岩垒砌的石墙。该宅邸具备第二次世界大战前冲绳上层农家住宅应有的所有特色，十分宝贵。铭苅家为名门望族，其祖先为出生于伊是名岛，15 世纪琉球王朝第二尚氏创建者尚元王的叔父。雁行排列的庑殿顶、美丽的瓦房顶等，处处显示出上层士族的住宅风格。两所住宅均为日本国家级重要的文化遗产。

中村家的入口。沿着道路修筑的石墙，其断开之处就能看到影壁的正面。主屋并不与道路平行，而是建得有点斜。屋顶上有狮子像，可以防止恶灵侵入屋内。

1981 年底到 1982 年初，寒冬，我以佛罗伦萨为中心，游览了意大利北部的大街小巷。回国时，我乘坐的是绕经南方航道的航班，一路上多次经停，最后一个中转机场是泰国曼谷的机场。在即将着陆时，我像往常一样，将额头贴在椭圆形的机窗上，四处眺望机外的景色。由于飞机盘旋，机体大幅左倾，让我看到了闪烁着阳光并不断延伸的水田风景。水田之中随处可见一些白铁皮房顶的简陋小屋，仅仅 12 个小时之前，我满眼都是意大利北部冰冷的石头建筑，而现在眼前那些粗糙的人字形屋顶看上去非常轻盈，就像停留在露出水面草梗上的蜻蜓的翅膀，这种美感使我无以言表。在那一瞬间，我想起了高中时用过的地图册里的“世界气候分布图”，上面将热带稀树草原气候和地中海气候以 Aw、Cs 等符号分类并涂上不同颜色。此外，我还注意到，建筑的形态与样式分布与气候的分布有着相当大的关系。“如果忽视风土与气候，建筑物便不能成立”。虽然这个道理我早就懂，但还是情不自禁地拍着膝盖感慨道：“啊啊，原来如此”。这时，我才真正理解了这句话的含义。

十多年后，为了建造将八重山的传统染织技术传承给年轻一代的研修设施，我前往西表岛参加设计讨论会并开展现地调查。此时，我又一次有了机会，可以体会到风土与居民生活方式以及建筑之间存在的密切联系。

在那之前，我曾经三次访问冲绳本岛，因此，我对冲绳是很有亲近感的。通过那几次访问，我很喜欢冲绳当地那种任时间流逝的悠闲生活方式，以及门户大开、通行无阻的住宅风格。也许因为我原本就有些南方血统吧，我完全适应冲绳的生活。我也曾几度在当地的传统民居中寄宿过，只有实际住进去，才能体会到参观中感受不到的，冲绳民宅独一无二的舒适感。而这种体验，对于建筑师来说是十分宝贵的。我这个人不太擅长正坐或者盘腿坐，在这里的民居里，我可以背靠柱子席地而坐，或者就在榻榻米上闲躺着，虽说不大合乎礼仪，不过在这里也是被允许的（或许可以说“是合适的”）。尽管世界之大，这样的住宅也是不多见的。我第一次参观冲绳本岛北中城村的“中村家”时，最先想到的就是，如果能把建筑考察这项工作放一边，在这里睡个午觉一定会很惬意吧。

中村家是冲绳的名门（可惜并不是我家亲戚），中村家住宅具有上层农户住宅建筑应有的所有特色，因而被指定为日本重要的文化遗产。据说现存的房屋修建于 18 世纪中期，住宅四周围着琉球石灰岩建的围墙，围墙之内，除主屋外，还建有客房、仓库、牲畜棚兼贮藏室、猪舍等建筑。

传统的冲绳民居，不仅在房间布局上，还在规划建筑用地方面也有一套独特的方法和规定。大概这种手法和规定是适应冲绳的风土与当地人的生活方式的。不管是哪家民居，都沿用了相似的房屋规划与布局，其中最具代表性的当然是中村家……写到这里，我忽然想到，难道中村家住宅就是冲绳民居的样本？

其中，我最喜欢的是，挡在外面的道路和里面的家院之间的那面名为“影壁”的墙。它能起到保护隐私的遮蔽作用，据说还能阻挡“妖魔鬼怪”进入家里，不仅如此，还能成为“防护盾”，防止台风直接冲击。特别值得一提的是，这个影壁还有分配行走动线的作用。

沿着影壁处向右走到尽头，可见一个带栅栏的小型中门，穿过这个门，就到了中庭。中庭的右侧是独立出来的客房，正面是主屋。沿着影壁向左行走，则来到一个挖有水井、用于洗晒的庭院，横穿庭院，就到了厨房后门。也就是说，影壁起到了巧妙分配动线的作用，分出了“客人、男人的动线”以及“家务、女人的动线”，能够灵活应对生活中的各种场景。我的朋友，出生在冲绳的建筑师伊

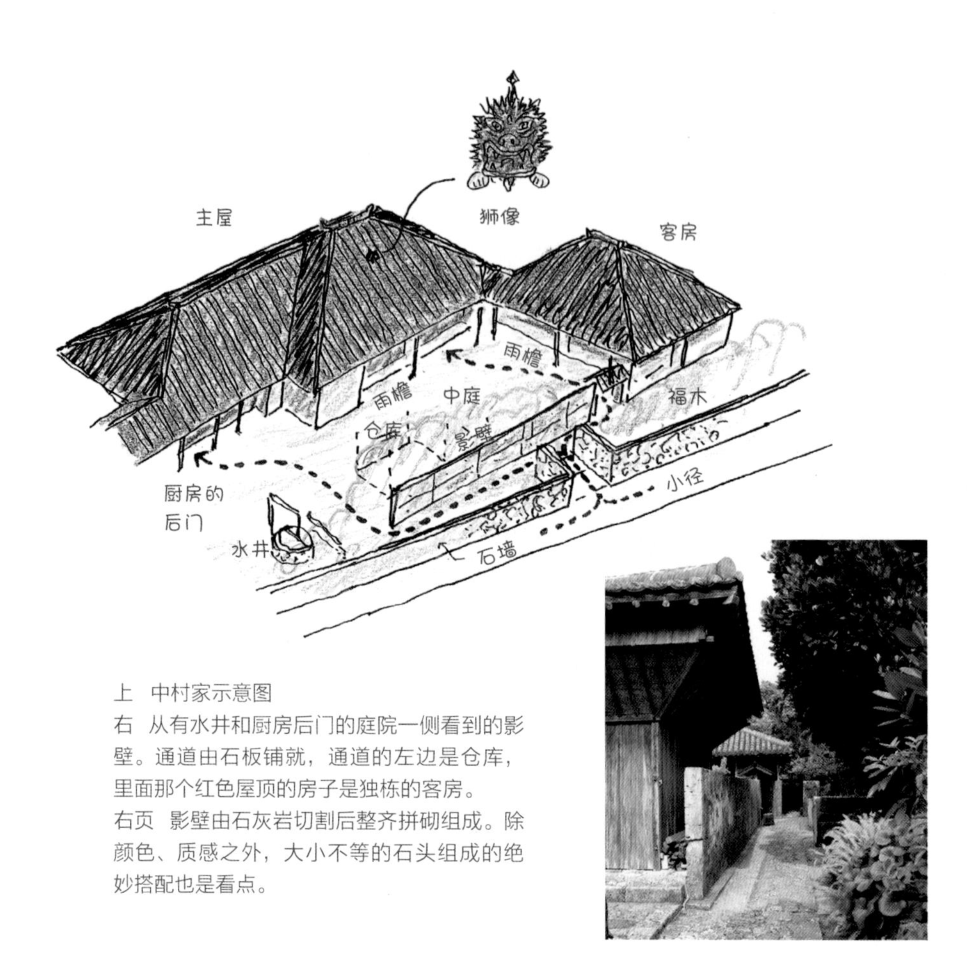

上　中村家示意图

右　从有水井和厨房后门的庭院一侧看到的影壁。通道由石板铺就，通道的左边是仓库，里面那个红色屋顶的房子是独栋的客房。

右页　影壁由石灰岩切割后整齐拼砌组成。除颜色、质感之外，大小不等的石头组成的绝妙搭配也是看点。

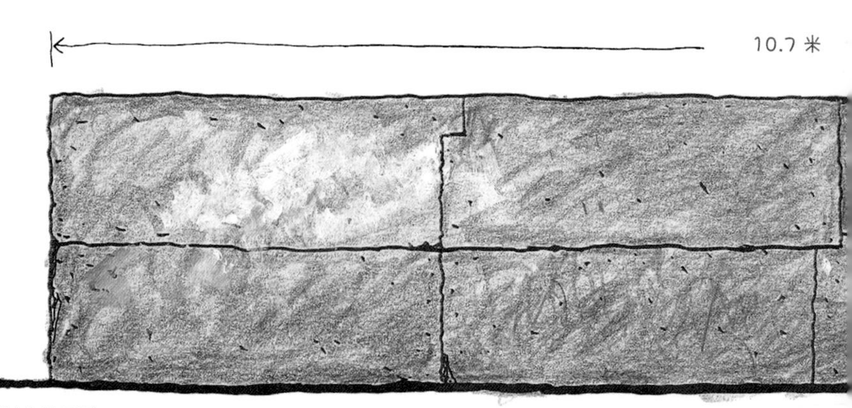

中村家的影壁

石灰岩风化后的色调与纹理，
就像一幅抽象画佳作

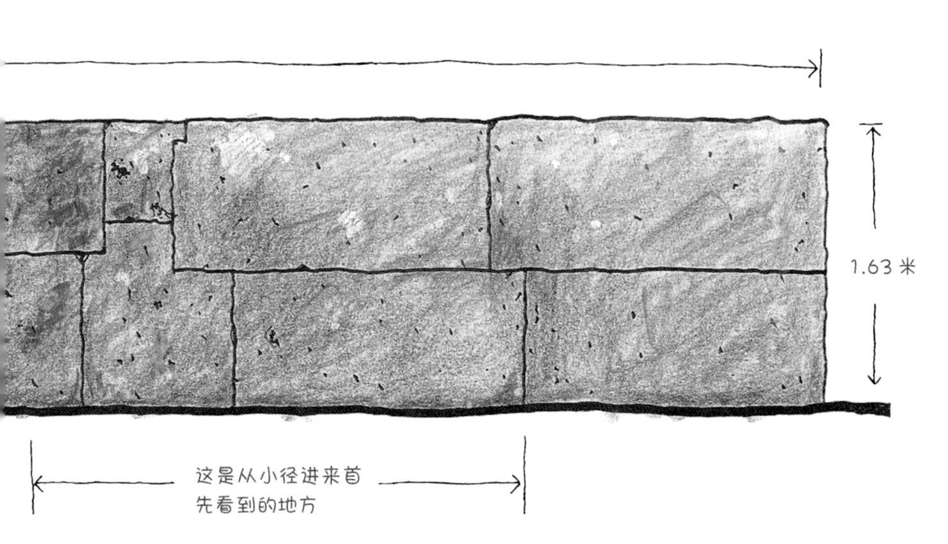
1.63 米
这是从小径进来首
先看到的地方

礼智在他的著作《冲绳的家》中，将影壁的作用归纳为：“将街道引入民居的内部”“和缓地将街道和民居隔开”“将空间逐步从街道（外部）引入室内”。并且给予影壁很高的评价：“通过一道影壁，就能让人感到与外部相处和谐，住起来很舒适。”漫步在传统村落保存完好的竹富岛上，我对他的话产生了强烈共鸣，忍不住想要鼓掌叫好。诚然，正因有了一道影壁，村里小径在空间上呈口袋状延伸与扩展，于是，居民以及居民的意识也得到了一种舒展，进而使整个村落营造出舒适、从容的氛围。

我们把话题回到中村家的影壁。大约二十年前，当我第一次参观中村家时，就被影壁上石块的优美拼砌所震撼。在 2005 年 6 月再次拜访时，我又一次被它的精美做工深深吸引。影壁是访客到来时看到的第一印象，就像民居的“脸”，受到主人重托的石匠们一定认为这是展示他们审美与手艺的机会，因此投入了大量精力吧。总之，影壁完成得极为出色。12 块大小不等石头的绝妙组合方式（将石头的边缘特意去掉一小块矩形，与另一块边缘带有一小块凸起矩形的石头拼合）以及石灰岩风化后形成的色彩与纹理，看上去像一幅抽象派名画，如此美丽，让我情不自禁地拿出尺子（我明白它的美无法丈量），测量这些石头的尺寸。

我在开头写过风土与建筑的关系，冲绳民居的建筑方式就与台风、夏日炎热紧密相连。房屋周围种植的福木是为了防台风，厚重的瓦片屋顶既能防止台风吹走屋顶，还能遮蔽炎热的烈日。屋顶为庑殿顶，就像一个深深戴到了眉眼处的帽子，不管风从哪面刮，都能巧妙避开。屋顶外侧下方还有一块叫作“雨檐”的宽敞空间，保护着房屋不受雨水或者日照的损害。有面积如此大的屋顶遮蔽，室内自然会有些昏暗，但也清凉、静谧。

待在门窗全敞开的室内，耀眼的阳光照进里屋，随着距离增加光线减弱，产生宽幅的渐变式光线层次，那无法言喻之美令我入迷。在门窗全开的房间里，不知何处吹来阵阵凉爽的风……看到这里，您一定发现了吧？我前面的那句感想“在这里睡个午觉一定会很惬意吧”，就是从这里产生的。

中村家有很多看点，其中我尤其喜爱的，就是建在餐厅里的厨房与它的周围。它与餐厅的关系就像开放式厨房，使人产生亲近感，而且炉灶配置整齐，使用性能也十分突出。此外，厨房与后门之间的三合土玄关，面积宽敞，无疑是一块多功能的场地。真想看看冲绳料理的烹饪过程，在这间厨房向做饭高手学习冲绳家常菜的做法。

厨房后门与厨房之间的玄关地面为三合土。左边往里供奉着火神。垂直固定的梯子，用于爬上天花板内侧拿放东西。

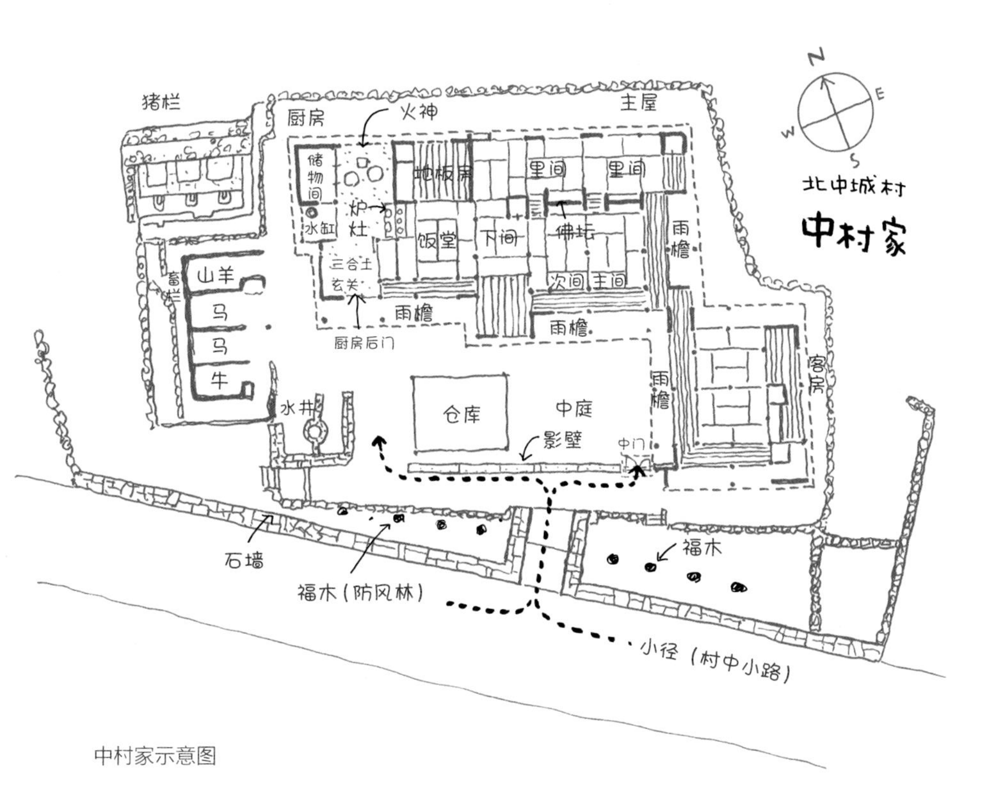

中村家示意图

在三合土玄关的一角，供奉着厨房的神灵“火神”。供品摆在一组白色陶瓷器里，看上去就像一幅塞尚或莫兰迪的静物画。

参观完中村家，次日，我出发前往东海上的伊是名岛。那里有户叫作“铭苅家”的冲绳民宅，已认定为日本的国家级重要文化遗产，前面介绍过的伊礼先生也发来邮件告诉我“该村落的围墙也值得品味”，这更让我心潮澎湃。

要去伊是名岛，要先从那霸开车到冲绳本岛北部一个叫作“运天”的码头，车程约两个半小时；再坐 1 个小时的渡轮。尽管路途并不近，但参观完之后发现非常值得。经历一番车旅劳顿，当我终于站到铭苅家门前时，一股喜悦之情油然而生：能看到这座建筑真高兴！

防雨门打开后，室内空间开阔。面积较大屋顶的遮蔽，以及雨檐下方的宽敞空间，营造出室内昏暗清凉的气氛。

从路上看到的铭苅家的正面入口。石墙、影壁、庑殿顶呈人字形排列，引人进屋。为了防台风，房顶建得较矮，这个高度更让人对建筑感到亲近。

整个宅邸散发出一种难以言喻的高贵气息。这是我对铭苅家的第一印象。低矮的庑殿顶端庄大方的屋檐以人字形层层缩进，让人想起桂离宫古书院、中书院与新御殿的景色，简直就是桂离宫的缩小版。主屋旁边自成一栋的仓库也全然不像个仓库，倒像是某个名刹的附属建筑。前一日刚参观完中村家，所以不自觉会将两者进行比较。在我看来，相对中村家那种坚毅的阳刚之气，铭苅家则有种优雅的女性之美；前者空间凝练紧凑，后者大方开放；前者规规矩矩，后者逍遥自在。

铭苅家现已无人居住，无论庭院还是房子，都可以毫无拘束地自由参观。尽管不能进入屋内，由于房间门窗全部敞开，开放性很好，从房间外足以看清屋内情形。由于回程渡轮的关系，我在岛上只能停留两个小时。这里一天只有两班船，错过这班，就只能在岛上过夜了，所以这趟访问我只能短时间内集中参观。

我绕着民宅四周边走边看，停下来看，凑近了看。这个过程中，我发现，建造铭苅家的木工师傅对比例把握到位，心思细腻，有审美品位还富有创意。当然，他手底下的木工肯定也个个本领不凡。举个例子，从建筑绝妙的高度、开口部和墙壁之间的比例，就可以看出匠人们对比例拿捏得当。房屋的细节方面，防雨门

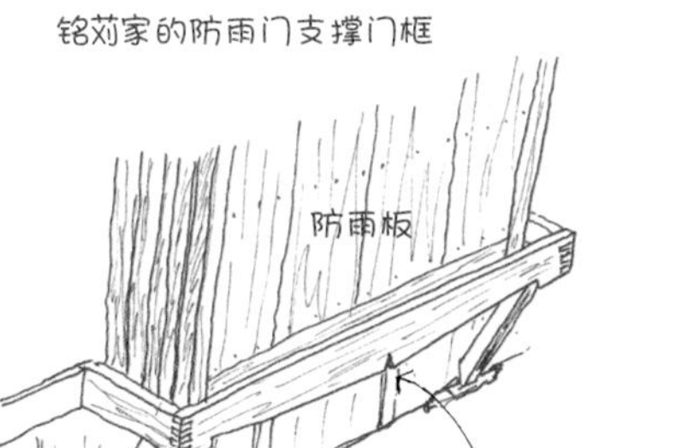

防雨门滑槽上，为排雨水挖的小排水槽。从细节处的工艺可以看出工匠们杰出的造型品位。

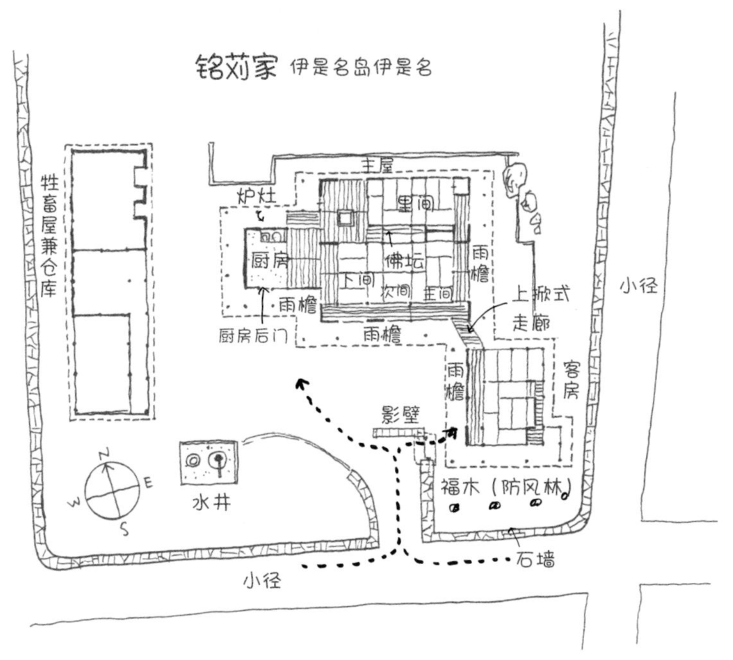

建筑背部的立面。房顶和墙面的平衡、墙壁与开口部的平衡、防雨门的比例以及檐头瓦片的处理，这些部分越看越美。木工师傅发挥了作为建筑师的才华建造出这般杰作，实在令人佩服。

建在铭苅家主屋与客房之间的上掀式走廊。

的门槛上为方便雨水排出而特意挖出小槽，防雨门下方门框角落上使用的工艺以及装饰线处处体现着工匠们的高超技艺以及认真严谨的工作态度。许是这些具有魅力的细节加在一起，才酝酿出了这个建筑整体的高贵气息。

能称得上名家的木工师傅，首先必须木匠技艺高超，同时也必须是一名优秀的建筑师。在铭苅家，木工师傅作为建筑师的一面尤其突出。

只用一个多小时，就想充分地参观并品味铭苅家，那是绝对不可能的。想要好好地参观学习一所根植于当地风土，顺应当地气候，结合当地生活而建的民宅，就不能过于匆忙。从这个意义上来说，这次参观给我上了一课。

25
建筑大师与生物学家的合力之作

索尔克生物研究所

| 设计 | **路易斯·康**

1965 年 美国 加利福尼亚州拉霍亚角

脊髓灰质炎（小儿麻痹症）疫苗的发明者乔纳斯·索尔克（1914—1995），为推进生物学领域基础研究而创建该研究所。该研究所的建筑师路易斯·康（1901—1974）出生于爱沙尼亚，后举家移民美国，毕业于宾夕法尼亚大学，于 1935 年建立了自己的工作室。他是美国引以为傲的世界著名建筑师，大器晚成，55 岁之后才成名。他为自己任教的母校设计了“理查德医学研究中心”，这成为他设计本研究所的契机。索尔克被这部建筑作品深深打动，委托他设计一座“值得毕加索访问的建筑”。路易斯·康的代表作有金贝尔美术馆等。

索尔克生物研究所（Salk Institute for Biological Studies）坐落在美国靠近墨西哥边境的拉霍亚角一个能远眺太平洋的断崖上。该研究所于 1965 年建成，其创立人为乔纳斯·索尔克。他成功研制出了当时被称为“绝症”的小儿麻痹症疫苗，是一名天才生物学家。不过，在建筑界，这座研究所最出名的并非这位天才，而是它的建筑。

研究所的设计者是建筑界大名鼎鼎的路易斯·康。他虽然已离世四十多年，但声名依然经久不衰。“现代三大建筑巨匠”——弗兰克·劳埃德·赖特、勒·柯布西耶和路德维希·密斯·凡·德·罗的拥护者虽然众多，但批判者的数量也为数众多，甚至超过拥护者。而路易斯·康却凭借其独特的人格魅力和作品的感染力，赢得了所有人的尊敬。只要曾站在他设计的建筑面前，或曾置身其中，你一定会被他作品中那种不会因时光流逝、潮流更迭而消失的独特韧性深深打动。“不容置喙”一词通常给人一种霸道的印象，然而站在路易斯·康的建筑作品前，无论是什么样的人，都会感到心悦诚服，从这个意义上来说，他的作品具有一种“不容置喙”的强大说服力。

如今想来，乔纳斯·索尔克和路易斯·康，一个是生物学界的权威，一个是建筑界的领袖，这二人相遇的那天，就已经决定了这个建筑项目会成功，并成为“美国最美的建筑”。建筑的委托人与建筑师之间建立了深厚的信任，从设计到完工，在长达六年的时间里，两人肝胆相照、齐心协力，谱写了一段佳话。结识之后，两人如挚友般，分享各自专业领域的话题，探讨人类的未来以及艺术等。后来索尔克在回忆这段往事时说道：“我们是先从游戏开始的。”如果当时两人的交谈内容能被记录保留下来（因为两人都是各自领域的顶尖人物），那该是多么值得拜读的内容啊！

据说，两人的交谈内容直接引导了研究所的设计理念。当时，索尔克对康说道，“研究所的设计要以阿西西的圣方济各圣殿（Basilica di San Francesco d'Assisi）的修道院为蓝本……”其实，康也曾经参观过圣方济各圣殿，并受到极大震撼，还对该建筑进行过大量素描。在这一点上，双方可谓英雄所见略同。通俗地讲，就像是磁石遇铁——不谋而合。

2004 年冬，我前往参观索尔克生物研究所。这是我第二次来这里参观，第一次是在整整十年前的一个秋天。第一次访问时正在施工的东侧附属楼（遗憾的是它并不是康的设计）此时已经完工，周围建筑的风格已变得截然不同，但由康设

广场中央水渠的尽头，是广阔的太平洋与湛蓝的天空。在静谧之中的建筑，被誉为 20 世纪献给生物学的“神殿”。

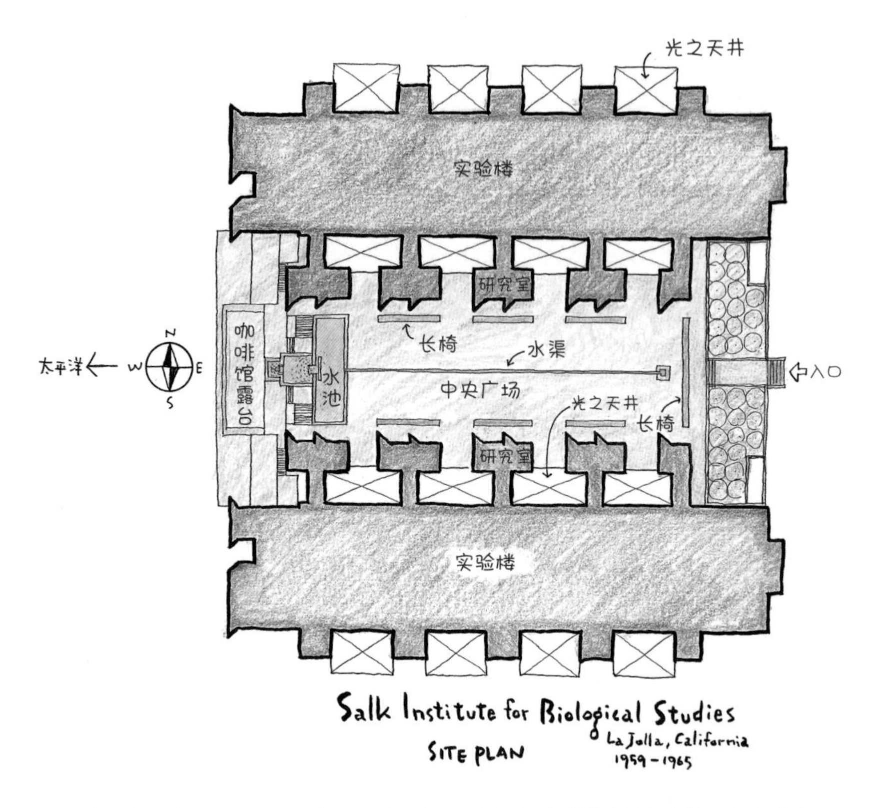

索尔克生物研究所布局图。以东西为轴，布局严谨。两栋楼以水渠为中轴，左右对称。

计的实验楼和中央广场却丝毫没有发生改变。加利福尼亚湛蓝的天空以及从海面吹来的清凉微风，也都跟十年前一样丝毫未变。尽管四季变迁，但实验楼和中央广场的时光却仿佛早已定格。十年前，我静立在夹在两栋实验楼之间的中央广场一角，眺望建筑裁剪之下的天空和太平洋时，脑海中想到了“美丽的神殿”，这一印象至今未变。实验楼依然给人高贵而神秘之感，广场依然弥漫着神圣不可侵犯的气氛。

之所以会联想到“神殿”，原因之一在于其“严密对称”的设计方案。沿着广场而建的两栋建筑，无论大小、结构都完全相同，就像祭祀品一样庄严而井然有序，如镜中成像般形成轴对称。广场中心还设了一道如用利剑劈开的狭窄水渠，此外再无其他设计。广场上除水渠之外，就只有实验楼前整齐排列的两列六条石制长凳了。而这些长凳比起供人休息，更像是供奉在广场这个祭祀台上的祭祀器具。

广场的一头是盛满了蔚蓝色水的水池，清澈清凉的水流发出清脆的声音，从上层水池往下层流去。在下一层，有一个舒适的咖啡餐厅，供研究人员喝茶、进餐使用。

在这个广场成为如今这样的象征性存在之前，康为之画了大量的草稿，经历了漫长的苦思冥想。水渠是最早就设计好的，当时康还考虑在水渠两旁各种植一排树木。循着康留下的素描图，可以看出，康曾想过栽种意大利的柏树，也曾考虑过杨树。当时，他的想法是不但要在水渠两边种两排树，还要在广场的其他空地上也种上许多树，以便为研究人员休息时提供丰富的绿意。康对树种的选择一直感到烦恼和迷茫，不知道该如何是好。最后，他邀请来墨西哥著名建筑师兼造景名家路易斯·巴拉甘（1902—1988）[1]，向他寻求建议。应邀而来的巴拉甘站到广场上之后，马上给出了建议："这里不需要树，也不需要一棵草或一片叶，这里应该成为一个广场，而不是庭园。"于是，康听从了巴拉甘的建议，因此就有了现在的广场。我意识到，这些建筑物之所以让人们感到时光静止，是因为广

1 路易斯·巴拉甘（Luis Barragán），20 世纪最重要的墨西哥建筑师之一。1980 年第二届普利兹克奖得主。他的全部建筑与景观作品都完成于墨西哥。他的作品融合着野性与浪漫，张狂与宁静；他将墨西哥本土的文化融入设计中，用现代主义的语言阐述出别样的意境。

研究楼的下面是拱形的侧廊，倾斜排列的壁柱的影子非常美。

场上排除了一切像植物这样会随着时间流逝而生长、发生变化的因素。广场侧廊的地面上，清晰地投下了壁柱错落有致的影子。这如同冻结在阳光里的光景，宛如剪纸画一样。我从这里微微嗅到了些许“废墟”的味道。

我把这个建筑物称为“美丽的神殿”。但若从建筑学角度来看，这个建筑物实际上是座“结构性神殿”，同时也是极致的“功能性主殿”。从建筑物的搭建上来说，没有一丝不合理或浪费，只有一种不容置喙的说服力。当然，它的背后有“建筑必须是这样的”这样坚定的信念和哲学理念的支撑。此外，技术保障以及对材料的良好判断能力也是不可或缺的。而康就是一名均衡地具备所有这些能力的建筑师。

索尔克向康提出一个要求，要让研究所中最重要的空间，也就是实验室尽可能地灵活可变。因为，实验装置会以日新月异的速度发生变化。同时，还必须保证各种设备的管道和通风设备能够随时自由而灵活地进行安装、替换等。实验室的理想形态，应该是像体育场或飞机库那样宽敞而不受限定的空间。康曾提出要将空间按作用划分成主、从两种，将建筑结构分为“被服务空间”（Served

从广场上看到的研究楼。广场的地板为石灰华，墙壁使用混凝土和柚木。如此绝妙的材质搭配，也是康的建筑的妙趣之一。

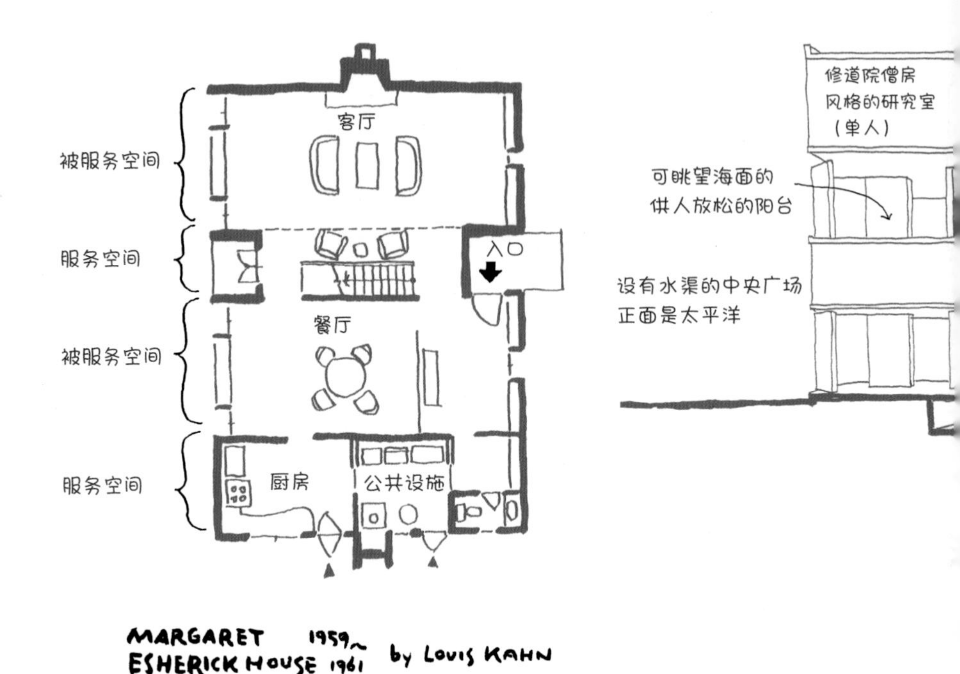

索尔克生物研究所实验室、管道及设备室的截面图。服务空间与被服务空间，二者的关系一目了然。

Space）和“服务空间”（Servant Space），并已经建成一栋将此理念加入平面设计的房屋（见上图）。而索尔克生物研究所则成为进一步发展这一理念的绝好机会（见右页上图）。

康应索尔克的要求（有时，康也会不加反驳地多次变更设计），被服务空间（Served Space）和服务空间（Servant Space）最终实现如下：

要使实验室（被服务空间）成为无柱无壁的宽阔空间，首先需要巨大的梁来支撑地板。因此，需要建一层楼高的大梁，同时充分利用大梁的空间，容纳各种管道或通风设备，这样就诞生了适合定制的“服务性空间”。此时，实现这一概念的关键在于大梁的形状，设计为空腹梁，就可以利用其长方形或梯形的空腹部分来容纳管道，一箭双雕。用“无可挑剔”来形容这个建筑最合适不过了。结构系统与设备系统完美结合于一体，让人只能献上赞美之词。这样简洁且富有逻辑

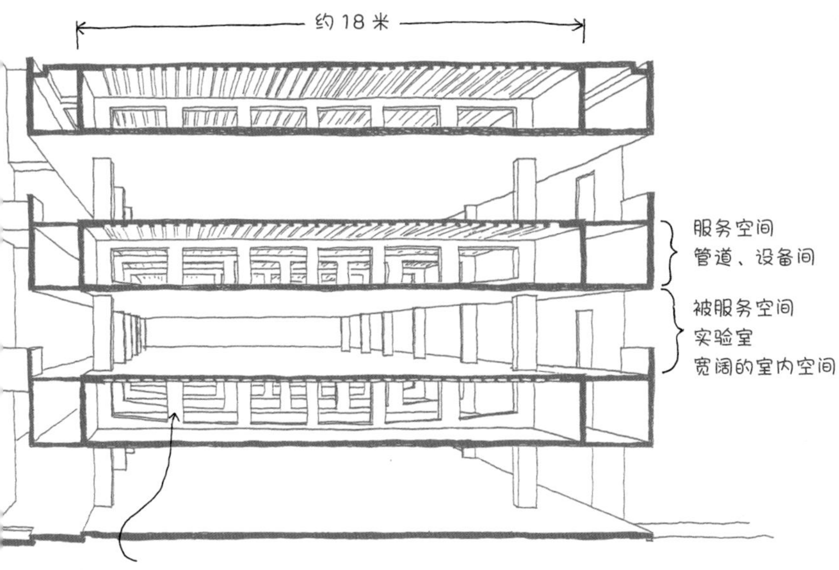

约一层楼高的空腹梁为灵活度高的管道、机械设备创造出了服务空间。

镶嵌在实验楼阳台墙壁里的黏板岩，可做黑板使用。上面忘记擦掉的化学式，是研究员们讨论留下的痕迹。

的建筑性思考，正是康的真正风格。

本文已接近尾声。我在参观这个建筑时，有几点一看就是康的风格，让我入了迷，以下简单介绍一下。

首先是为主任研究员独处所准备的单人间，它位于与实验楼稍有些距离、正对着广场的楼里（见 267 页）。要来到这个塔状的个人研究室，必须通过一座小桥，同时为了加强其孤立感，特意把它设置在与服务空间相连的部分，与实验层错开。索尔克和康认为，对于研究人员来说，一间可以让他们独处、如修行僧人一样埋头研究的，像僧房一样的研究室是不可或缺的。于是诞生了这个别具一格的科研楼（请回忆这两个人第一次见面的情节，他们就阿西西圣方济各圣殿的修道院这一话题聊得十分投缘）。康还认为，个人研究室不能与实验楼采用相同材质，如果说实验室给人的印象是玻璃器材和不锈钢水槽，那个人研究室就应该是“有橡木桌子和地毯的房间”。因此，科研楼的外壁和门窗都采用柚木制作，表面未经涂装，随着时间流逝而愈发彰显韵味。修道院的僧房都有一扇窗，因此每间研究室也设有一扇能眺望远处的窗户，让研究员能够放松沉浸于研究与思考的大脑。由此诞生了这里可眺望地平线与广场风景的孤独的隐居之处。康对建筑材质的独到直觉以及如工匠一样运用不同材质魅力的高超能力，都在此处发挥得淋漓尽致。

谈到材质的魅力，还有一个例子。实验楼里设有一个开放式阳台，供研究员们能够暂时放下实验转换心情。康考虑到，研究员们若想在这个外部空间讨论问题，会苦于无处下笔，因此就在阳台的墙壁上镶嵌了一块黏板岩，做黑板用。这是以终身从事教师职业并引以为傲的康才能想出的独特创意。发现了这个在严肃认真之中又有些淘气的创意，让我恍若在“神殿”和“废墟”之中，感受到了温暖的人类体温。

后 记

建筑系的学生曾问过我一个问题，“要成为一名建筑师，您认为需要具备哪些才能和素质呢？”

建筑师范围很广，其中有能设计首都政府大楼的大师，也有为奢侈品店设计时尚店铺的建筑师，还有像我这样设计居民住宅的、像街上的裁缝一样的建筑师。所以，我没有办法列举一名建筑师所需的才能和素质。

如果是成为我这种为普通人设计住宅的建筑师，我想说两点：第一，没有计划；第二，乐天精神。

当然，其他的一些才能和素质也很重要，比如，“脱离惰性，将日常琐事变成节日的能力”“能够安于清贫的坚韧精神”等。但是，我认为最重要的是要先具备以上两点。这份职业不知何时能接到设计委托，而好不容易接到的委托，也可能会因为各种原因中途告吹，所以计划是没用的。顺其自然、随遇而安就好。同时，设计住宅的工作责任重大，客户交给我们的资金十分宝贵，必须平衡地、毫无浪费地分配好每一分钱。到了施工阶段，总会出现工期延误等各类麻烦。如果对每一次麻烦都紧张兮兮、精神低落，那么就会很累。所以说，不在乎小挫折的乐天派会比较适合这份工作。

话说，我在这两点上对自己非常有信心。而且，我这两方面的才能，不仅在设计住宅上，还在写作上也帮了我大忙。

2001年秋，《艺术新潮》编辑部的菅野先生问我，“你要不要就你喜爱的建筑，每个月写点文章呢？”听完这话，我的眼前马上出现了那些我一直珍藏在心中的建筑，于是在没有考虑采访所需要的时间，也没有考虑写作所需时间，没有任何计划的前提下（没有计划性），我不假思索地接下了这份两年共计写 24 篇连载文章的工作。当完成了一到两次连载之时,我终于意识到这是一桩非常辛苦的工作,并感到后悔，但已经为时已晚。这时，我又转念一想，没关系，总会有办法的（乐天精神），于是继续坚持了下来。因此，这套书才能出版。如果我是一个爱担心、计划性强的人，这套书就永远没有机会问世了。

在杂志上连载文章时，常有人对我说："你能够到世界各地去参观自己喜爱的建筑，真是太让我羡慕了。"似乎在旁人眼中，我是轻松出行，哼着小曲儿就把文章写了出来的。但其实呢，我是在设计和教书两项本职工作之外，将空余时间利用起来，不时前往海外取材，而写文章和画素描比我预想的更花时间，有好几次我都差点交不出稿而面临取消当月连载的窘况。在持续连载的那两年时间里，每个月的交稿截止日,对于责任编辑菅野先生和我来说,都有导致胃痛的巨大压力。从某一天开始，我们俩之间开始改称这个连载为"胃痛的建筑"。

在此，我要再次向菅野康晴先生、作为摄影师经常与我们一同前往国外采访的野中昭夫先生和筒口直弘先生表示感谢。同时，我也向在本书的策划到出版过程中始终以笑容面对我的滨崎晶子女士、设计师大野丽莎女士和川岛弘世先生表示感谢。

中村好文

2005 年盛夏

图书在版编目（CIP）数据

我的意中建筑 / (日) 中村好文著 ; 蒋芳婧译 . --
南京 : 江苏凤凰科学技术出版社 , 2019.6
ISBN 978-7-5713-0263-4

Ⅰ . ①我… Ⅱ . ①中… ②蒋… Ⅲ . ①建筑艺术 – 作品 – 评价 – 世界 Ⅳ . ① TU-861

中国版本图书馆 CIP 数据核字 (2019) 第 065143 号

江苏省版权局著作权合同登记　图字：10-2018-475 号
ICHU NO KENCHIKU Volume 1 and Volume 2 by Yoshifumi Nakamura

我的意中建筑

著　　者	[日] 中村好文
译　　者	蒋芳婧
项目策划	凤凰空间 / 李雁超
责任编辑	刘屹立　赵　研
特约编辑	李雁超
出版发行	江苏凤凰科学技术出版社
出版社地址	南京市湖南路 1 号 A 楼，邮编：210009
出版社网址	http://www.pspress.cn
总　经　销	天津凤凰空间文化传媒有限公司
总经销网址	http://www.ifengspace.cn
印　　刷	北京市雅迪彩色印刷有限公司
开　　本	710 mm × 1 000 mm　1/16
印　　张	17
版　　次	2019 年 6 月第 1 版
印　　次	2019 年 6 月第 1 次印刷
标准书号	ISBN 978-7-5713-0263-4
定　　价	88.00 元

图书如有印装质量问题，可随时向销售部调换（电话：022-87893668）。